基于冰川－积雪－冻土－水文过程耦合的
长江上游径流模拟与预测

石睿杰　王泰华　刘志武　唐莉华　等　著

中国水利水电出版社
www.waterpub.com.cn
·北京·

内 容 提 要

本书是对中国长江三峡集团有限公司科技项目"基于冰冻圈水文过程与气候变化互馈机制的长江上游径流变化分析"成果的全面总结和提升，围绕长江上游径流模拟预测模型和软件开发需求开展基础性研究，主要内容包括：适用于长江上游的冰川-积雪-冻土-水文过程耦合的分布式水文模型研发与构建；基于分布式模型对长江上游历史径流变化进行模拟与规律分析，以及对长江上游未来气候变化及不同气候情景下的径流变化进行预测与分析等。研究成果为长江上游水电开发、流域水资源管理以及长江大保护和长江经济带建设等国家战略提供了科学支撑。

本书可供从事流域水文学研究的学者、相关专业的研究生，以及从事流域水资源管理的工程师和技术人员参考。

图书在版编目（CIP）数据

基于冰川-积雪-冻土-水文过程耦合的长江上游径流模拟与预测 / 石睿杰等著. -- 北京 ： 中国水利水电出版社, 2024. 10. -- ISBN 978-7-5226-2731-1

Ⅰ. P334；P338

中国国家版本馆CIP数据核字第2024H8K017号

书　　名	基于冰川-积雪-冻土-水文过程耦合的长江上游径流模拟与预测 JIYU BINGCHUAN-JIXUE-DONGTU-SHUIWEN GUOCHENG OUHE DE CHANG JIANG SHANGYOU JINGLIU MONI YU YUCE
作　　者	石睿杰　王泰华　刘志武　唐莉华　等 著
出版发行	中国水利水电出版社 （北京市海淀区玉渊潭南路 1 号 D 座　100038） 网址：www. waterpub. com. cn E-mail：sales@mwr. gov. cn 电话：（010）68545888（营销中心）
经　　售	北京科水图书销售有限公司 电话：（010）68545874、63202643 全国各地新华书店和相关出版物销售网点
排　　版	中国水利水电出版社微机排版中心
印　　刷	北京中献拓方科技发展有限公司
规　　格	170mm×240mm　16 开本　6.5 印张　127 千字
版　　次	2024 年 10 月第 1 版　2024 年 10 月第 1 次印刷
定　　价	**50.00 元**

《基于冰川-积雪-冻土-水文过程耦合的长江上游径流模拟与预测》
撰　写　名　单

石睿杰　　王泰华　　刘志武　　唐莉华　　杨　媛

吴　恒　　卢韦伟　　雷慧闽　　刘　琨　　杨汉波

殷兆凯　　李钰珩　　沈嘉聚　　姜启华

前　言

　　长江是中华民族的母亲河，长江源头至湖北宜昌这一江段被称作长江上游，依次流经青海、西藏、四川、云南、重庆、湖北等6个省（自治区、直辖市），流域控制面积约100万 km²，提供了长江流域约50％的总径流。长江上游地形复杂，从高原寒区、高山地形急变带过渡到四川盆地，气候条件、水循环机制以及水资源的时空变异性强；气候变化导致的冰雪冻土变化及其对长江上游径流的影响，进而对三峡工程等骨干枢纽和长江生态环境的影响是长江流域水问题的研究热点之一。目前虽有分别刻画冰川、冻土或生态与水文过程相互作用的水文模型，但耦合冰川–积雪–冻土–生态–水文相互作用的机理模型十分缺乏，制约了对气候变化下的长江上游径流变化的准确模拟与科学预测。

　　本书在清华大学水利系水循环模拟与预报团队前期机理认识与模型工作的基础上，系统总结了该团队和中国长江三峡集团有限公司科学技术研究院紧密合作取得的最新研究成果。以模型研发与构建、历史变化模拟、未来变化预估为研究重点，围绕长江上游径流模拟预测和中国长江三峡集团有限公司战略需求开展基础性研究，主要在以下三个方面开展了系统深入的研究：①适用于长江上游的冰川–积雪–冻土–水文过程耦合的分布式水文模型研发与构建；②基于分布式模型对长江上游历史径流变化进行模拟与规律分析；③长江上游未来气候变化及不同未来气候情景下径流变化预测与分析等。研发的分布式水文模型已成为长江上游径流模拟与预测系统的核心支撑，为科学评价和预测气候变化、冰冻圈消融以及人类活动等影响下长江上游水循环和水资源变化提供了可靠的工具，研究成果为长江上游水电调度运行、流域水资源管理以及长江大保护和长江经济带建设等国家战略提供了科学依据与理论基础。

本书共分为 7 章，主要内容如下：

第 1 章主要介绍研究背景与意义、国内外研究进展及本书研究思路与内容，重点介绍了以长江源区及上游山区为代表的河流源区冰冻圈要素影响下的径流过程变化及相关模型的研究现状和存在的不足。

第 2 章主要介绍冰川-积雪-冻土-水文过程耦合的分布式水文模型中的冰冻圈水文过程、植被动态过程、山坡水文过程、地表水-地下水交换过程以及汇流过程的数学描述方法。

第 3 章主要介绍分布式水文模型在长江上游的构建过程，包括模型构建采用的数据、基于观测数据对模型参数的率定验证等。

第 4 章主要介绍基于分布式水文模型模拟过去 60 年间（1961—2019 年）长江上游径流变化的时空特征，阐明气候变化、人类活动及冰冻圈变化对长江上游过去 60 年间径流变化的影响。

第 5 章主要介绍基于对全球气候模式未来预估结果进行误差校正与空间降尺度得到的长江上游未来 50 年（2015—2064 年）的气候变化特征，包括未来降雨、气温、辐射的长期趋势及其极端值变化。

第 6 章主要介绍基于分布式水文模型的长江上游未来 50 年（2021—2070 年）的径流变化预测与分析，揭示了不同气候情景下长江上游未来径流的年际变化与季节变化特征。

第 7 章是对全书内容的总结和展望。

本书的出版得到中国长江三峡集团有限公司科研项目"基于冰冻圈水文过程与气候变化互馈机制的长江上游径流模拟预测（第一阶段）（合同编号：202003098）"的支持，是清华大学水利系水循环模拟与预报团队和中国长江三峡集团有限公司科学技术研究院紧密合作取得的重要成果，谨在此一并表示感谢！

受项目研究时间和作者水平限制，书中难免有诸多不足之处，敬请批评指正。

著者

2024 年 6 月

目　录

第1章
绪　论

1.1　研究背景及意义

　　全球气候变化及其对区域水文水资源的影响受到世界各国的高度重视。我国的《第三次气候变化国家评估报告》指出，受气候变化影响，三峡水库受汛期洪水和枯水期极端干旱威胁的风险增加。库区水质对气候变化如降水量变化和气温升高等较为敏感；气候变化下强降水可能增加，进而增加极端洪水事件及其引发的泥石流、滑坡等次生灾害发生概率；上游来水变化可能改变三峡运行方式，进一步影响下游水生态环境。

　　气候变化直接影响流域水文过程，进而影响水资源总量及时空分布特征。其中，由于气温升高带来的冰雪消融加速导致的系列问题越来越受到全球重视。近50年青藏高原的升温速率是全球同期平均升温速率的2倍，青藏高原的冰川加速退缩，储量减少15%，面积由5.3万 km^2 缩减为4.5万 km^2。冰雪融水作为江河径流的重要补给来源，短期会增加河道流量，但是冰川的过快消融将带来融冰水量的最终枯竭，从而导致河道流量减少。以长江为例，在干旱年份，源区的冰川、积雪和冻土冰融水通常可以有效补充源区的河川径流；在湿润年份，源区冰川、积雪和冻土冰等以固态储存的水量得到补充；在长时间尺度上，以冰雪形态存在的水储量是长江源区河川径流的调节器和稳定器。如果气温持续升高导致源区冰川、积雪和冻土冰消失，长江上游径流就失去了一个重要的稳定器。根据我国科学家的预估，未来50年我国西部冰川将普遍退缩，冰川面积将减少近30%（施雅风，2000；丁永建，2009）。一旦丧失源区冰川、积雪和冻土的调节功能，有可能危及长江上游部分河流的水资源安全并引发生态恶化风险，甚至影响长江上游水库群运行方式和综合效益，以及长江流域的水生态环境。

　　近几十年来，由于青藏高原多年冻土持续退化，每年释放的水量达到50亿～110亿 m^3（赵林等，2010）。在青藏高原某些流域，地下冰融化对径流补给的重要程度可能超过冰川（Li et al.，2016；丁永建等，2020）。气候变化下青藏高原冰雪融化过程的变异将直接影响到长江源区径流尤其是春季枯水期径流，进而影响长江上游梯级水库群的运行调度。在更大空间尺度和更长时间尺度上，青藏高原冰雪和冻土融化通过改变地表水分和能量交换过程反馈到大气，通过大气水循环影响青藏高原乃至长江流域的降水时空分布，导致大范围的洪水和干旱灾害。研究表明，1980—2001 年间发生的长江中下游洪涝灾害，大多（约占 65%）与青藏高原前一个冬季的积雪大面积增加有关（丁永建等，2015）。1998 年长江洪水和 2006 年川渝大旱均有青藏高原积雪因素的影响（姚檀栋等，2013）。因此，针对青藏高原冰雪融化、冻土退化对长江径流带来的直接和间接、短期和长期不利影响，需要应用科学手段正确评估和预测气候变化条件下长江源区冰雪消融和冻土退化对长江流域水资源及其洪旱灾害的影响。

长江源区及上游山区具有突出的高原寒区水文特点和高山地形急变带水文特征，水文过程变化十分复杂，影响因素众多。因此，为了全面掌握长江上游的水资源变化规律和趋势，科学合理地进行模拟和预测，需要加强对高寒和高山区水文过程机理的深刻认识，这也是预测未来径流变化的基础。气候变化以降水变化和气温升高为主要特征，虽然降水变化具有高度的不确定性，但是气温升高是未来气候变化的主要趋势，势必直接影响到长江上游流域的冰雪径流和土壤冻融过程，从而影响上游流域的径流变化趋势。

气候变化导致的冰雪冻土变化及其对长江上游径流的影响，进而对三峡工程等骨干枢纽和长江生态环境的影响是长江流域水问题的研究热点之一。但是，目前对长江上游冰雪和冻土水文过程、上游高山区生态水文变化和水资源演变特征的认识十分有限。常用的统计特征分析方法或概念性水文模型，都无法反映径流过程变化的驱动机制，也难以揭示径流变化规律。作为三峡集团水电建设运行和长江大保护两大主业的基础性、关键性工作，长江上游径流变化尤其中长期变化趋势分析，事关集团立身之本和效益发挥，有必要予以重视和充分研究。

综上，开展基于冰川-积雪-冻土-水文过程耦合机理的长江上游径流模拟预测模型和软件研发，不仅可为长江上游水电开发、梯级水库优化调度运行提供依据和径流预报工具，也可为长江大保护提供科学支撑，并为全流域水资源管理提供有效的模型工具，研究成果具有广阔的应用前景。

1.2　国内外研究进展

1.2.1　冰川冻土变化对水文水资源的影响

受气候变化影响，全球范围内的河流源区径流发生了显著变化，在不同地区呈现出不同的变化规律（Stewart，2009；Yang et al.，2004；Yang et al.，2009；Cuo et al.，2015）。冰川、积雪以及冻土广泛分布于寒区，对寒区水文过程产生了显著影响。在气候变化背景下，全球气温升高加剧了冰雪消融与冻土退化过程，但二者对于水文过程的影响却因地而异，其中从北极地区流向北冰洋的河流年径流有增加趋势（Mcclelland et al.，2004），中国西北地区依靠冰雪融化补给为主的塔里木河自1961年起径流增加了13％，而长江源区径流量在20世纪90年代却出现了约15％的阶段性下降（Qiu，2012），此后又显著抬升。这些差异背后的原因也引发了广泛关注，但迄今为止仍不清楚。

青藏高原作为"世界屋脊"，是长江、黄河、澜沧江、雅鲁藏布江、恒河、印度河等亚洲大江大河的发源地，被誉为"亚洲水塔"（Guenther et al.，2013），为全球超过20％的人口提供水资源（Tong et al.，2016），是我国乃至东南亚水资源和生态安全保障的战略基地（孙鸿烈等，2012）。姚檀栋等（2013）指出，随着气温升高，冰川呈现出加速消融退缩趋势。我国近几十年来不同时期的冰川融水径流量估算结果表明，1961—2006年间，年平均冰川融水径流量为630亿 m^3，2001—2006年年平均冰川融水径流量为795亿 m^3（任贾文等，2011）。冰川变化引发的水资源时空分布和水循环过程的变化，无疑将给青藏高原社会经济发展带来深刻影响（姚檀栋等，2013）。近几十年来青藏高原由于多年冻土退化，每年释放的水量达到50亿～110亿 m^3（赵林等，2010），加上冻土每年冻融过程参与到水循环中的水量，对水文、生态和气候的影响十分显著。山地冰川消融以及冻土融化可能在未来几十年内会增加向雅鲁藏布江、澜沧江和长江等河流上游的融水供水量，径流量增加，湖泊水位上升；但在更久远的未来将导致融水供水量减少，给流域水资源的调控和利用带来新的问题，河流径流年内变化进程可能发生改变（姚檀栋等，2013）。冰雪消融对水文过程的影响机理尚需进一步深入研究，冻土退化改变了水文过程中的产汇流机制，但是其对水文过程的影响机理尚不明晰。

丁永建等（2015）的研究表明，青藏高原积雪与我国旱涝灾害在气候上存在内在关联，1980—2001年间发生的长江中下游洪涝灾害中，65％都与高原前一个冬季积雪面积偏大有关。青藏高原冰雪和冻土融化通过改变地表水分和能量交换过程反馈到大气，进而影响青藏高原乃至长江流域的降水时空分布，导致大范围的水旱灾害。气候变化对青藏高原冰川、积雪和冻土的影响可直接和间接影响到长江上游乃至全流域的径流过程和分布。

受海拔高、气温低、气象变化无常等诸多不利因素的限制，青藏高原现有的水文气象监测体系尚很不完善，具体表现在：水文气象站点稀少且分布极为不均、空间表现特征差，监测数据历史短且观测要素少，误差较大，数据序列不完整等（杨建平等，2004；Zhang，2005；Cuo et al.，2015）。由于十分有限的地面观测，目前尚缺乏综合性、系统的水文气象观测数据。为此，亟须发展多源观测数据融合与同化技术，提供高质量、高时空分辨率的气象水文数据，结合分布式水文模拟得到空间上完整的信息，增进对径流演变规律背后驱动机制的认识，更好地服务于流域水资源管理。

1.2.2　水文模型中冰冻圈过程研究进展

高寒山区的气候条件复杂，下垫面多变，冰川、积雪、冻土十分发育。其中，冰川主要分布在高海拔地区，冻土和植被主要分布在海拔相对较低的位置，积雪在流域内普遍存在。在高海拔区，河川径流主要受到冰雪融水的补给。随着高程降低，下垫面过渡到有植被覆盖的冻土，周期性的土壤冻融既增强了土壤水、地下水和河道水之间的联动，也为植被生长提供了适宜的能量和水分条件。对整个高寒山区而言，例如长江源区及上游山区，冰川、冻土、植被和水文循环之间是一个相互作用的有机整体。

有研究表明，在针对高寒山区的水文模拟中缺失冰川冻土等模块会严重低估融雪期间的径流峰值，但暖期径流又明显偏高（Pohl et al.，2005）。目前的径流模拟研究更多是利用传统分布式水文模型进行，未考虑土壤中的水热耦合过程及其水文效应（Zhou et al.，2004；张磊磊等，2013），或者单独将融雪、冰川、冻土等模型与水文过程结合，包括简单的度日因子法、Stefan 模型等，机理性的融雪模型如 SNTHERM（Jordan，1991）、SNOWPACK（Bartelt et al.，2002），冻土模型如 SHAW 和 CoupModel 等（Riseborough et al.，2008），都在陆面水文模型中得到应用。Zhang et al.（2013）、Su et al.（2016）、Zhao et al.（2019）在 VIC 模型水文模拟基础上，增加了按度日因子法研究青藏高原源区冰川和冻土融化的过程；Zhao et al.（2019）也采用度日因子法计算了青藏高原冰川面积的减少情况。Immerzeel et al.（2010）采用集总式的水文模型 SRM 预测了未来青藏高原主要流域除了黄河源区之外径流均可能减少，但这一模型过于简单，且仅采用印度河的径流数据进行验证，没有采用中国境内的数据，因而对黄河源区、长江源区等中国境内主要河流源区的模拟结果有待评估；而 Lutz et al.（2014）采用分布式模型 SPHY（Spatial Processes in Hydrology Model）预测未来青藏高原主要流域径流均会增加，这一模型同样仅采用中国境外的 3 个水文站进行验证，且未考虑冻土的影响。但是，目前的这些模型对地形地貌变异性的刻画普遍不足，尚难以应用于复杂地形条件下的高寒山区冻土水文研究，而且很少考虑冻土与积雪之间的耦合相互作用（Iwata et al.，2011），不能完全解释青藏高原区域水文过程的物理驱动机制和变化规律，难以预测未来变化环境下该地区的水循环演变规律和径流变化趋势。Yang et al.（2002）发展了基于流域地貌特征的分布式水文模型 GBHM（Geomorphology Based Hydrological Model），增强了模型对复杂下垫面的刻画能力。在分布式水文模型 GBHM 的基础上，Yang et al.（2015）和 Gao et al.（2018）进一步耦合了基于水热耦合平衡的土壤冻融过程模拟方案，研发的高寒山区分布式生态水文模型，并在黑河上游山区开展了冰川-冻土水文模拟研究。可见，随着全球气候变化加剧，冰川积雪消融、冻土退化严重，一般水文模型无法揭示冰川、积雪、冻土与水文过程的相互作用，能量平衡与分布式水文模型耦合是未来的研究方向和重点。

在高寒山区，植被动态同样显著影响到水文过程。一方面植被的存在为地表与大气之间的水热交换提供了新的途径，植被蒸腾是水文循环过程的重要变量；另一方面，高寒山区的植被生长与下覆土壤冻融密切相关。土壤温度与含水量会直接影响到植被的生长过程，反过来，植被冠层也会通过遮挡太阳辐射、截留降水等方式，影响土壤内部的水热过程。同时，在不同植被类型区也表现出明显的差异性（常晓丽等，2012），例如长江源区的观测证实，高寒草甸和沼泽草甸的冻融过程变化特征并不一致，冠层截留、地表径流等水文过程有明显差异（Wang et al.，2012）。2000 年以来，长江源区成立了自然保护区，植被得到恢复，植被-水文之间的相互作用增强，源区的土壤含水量、产流过程也发生了显著的改变（Li et al.，2017）。但是，现有的生态-水文模型不适用于高寒山区，尤其对土壤根系层水热变化与植被生长之间相互影响的刻画不足，亟须结合观测实验加深对生态水文内在机理的认识，进一步完善寒区生态水文模型。目前，清华大学杨大文团队研发的高寒山区分布式生态水文模型刻画了冰川、冻土和水文过程，可以用于模拟和预测高寒山区流域的水文变化过程。

1.2.3 未来发展趋势

长江源区冰冻圈水文观测数据稀缺，下垫面条件极为复杂多变，生态水文过程的空间变异性高，目前对生态-水文耦合机制和径流来源及其变化规律的认识存在严重不足，耦合高寒流域多过程相互作用机理的分布式模型仍十分缺乏。在系统总结国内外研究进展的基础上，提出如下未来发展趋势：

（1）冻土退化直接影响水文过程，但其对水文过程的影响机理尚不明晰，冰川和积雪消融过程的模拟以经验方法为主，其对水文过程的影响机理亦不十分清楚，未来亟须进一步加强对冰川、积雪的观测，发展冰川消融和冻土退化的模拟方法。

（2）在高山垂直急变带，针对复杂地形、植被和土壤等条件下的产流机制和径流系数的空间变异性认识不足，蒸散发量及其组分难以准确估计，难以定量分析气候变化通过影响植被生态系统进而对蒸散发过程的间接影响，未来亟待加强高山垂直急变带生态水文过程机理识别和模型研究。

（3）虽然分别刻画冰川、冻土或生态与水文过程相互作用的模型较多，但针对多过程相互作用的机理认知仍十分有限，模型本身还存在诸多问题；目前，耦合冰川-积雪-冻土-生态-水文相互作用的模型十分缺乏，准确刻画高山复杂地形地貌特征和冰冻圈生态水文过程的模型就更为少见，未来亟须发展涵盖高寒复杂下垫面条件的分布式生态水文模型。

1.3　研究思路与内容

针对上述已有研究中存在的不足，本研究将沿着模型研发与构建、历史变化模拟、未来变化预估的研究思路，主要开展以下三个方面的研究。

（1）冰川-积雪-冻土-水文过程耦合的分布式水文模型研发与构建。耦合冰川和积雪融化、土壤冻融过程等高寒山区特有的水文过程，考虑生态水文相互作用过程，针对长江上游高寒山区地形与水文特点，构建涵盖高寒复杂地形条件下的冰川-积雪-冻土-水文等多过程耦合的分布式生态水文模型；将模型应用于长江上游，基于观测数据对模型参数进行率定验证。

（2）长江上游历史径流变化模拟与规律分析。基于分布式生态水文模型模拟长江上游过去 60 年间（1961—2019 年）径流变化特征，量化气候变化和人类活动对宜昌水文站径流减少的贡献比例，阐明长江源区及上游山区冰冻圈变化对流域径流过程的影响。

（3）长江上游未来气候及径流变化预测与分析。基于实地观测数据对全球气候模式的未来预估结果进行误差校正与空间降尺度，预估长江上游未来 50 年（2015—2064 年）的气候变化特征；以此驱动分布式生态水文模型，模拟预测未来 50 年长江上游的径流变化，分析不同气候情景下长江上游径流的年际变化与季节变化特征。

第2章
冰川-积雪-冻土-水文过程
耦合的分布式水文模型

本研究采用基于流域地貌特征的分布式生态水文模型 GBEHM (Geomorphology Based Eco – Hydrological Model) 进行建模。该模型耦合了冰川和积雪融化、土壤冻融过程等高寒山区特有的水文过程，并考虑生态水文相互作用过程，即植被生长与水文之间的相互作用对产流的影响等，可针对长江上游高寒山区地形与水文特点，构建涵盖高寒复杂地形条件下的冰川-积雪-冻土-水文等多过程耦合的分布式模型。本章将对 GBEHM 模型中的冰冻圈水文过程、植被动态过程、山坡水文过程、地表水-地下水交换过程以及汇流过程的描述方法进行介绍，具体内容如下。

2.1 冰冻圈水文过程

冰冻圈水文过程是针对冰雪覆盖区域的山坡单元内土壤冻结部分的水文过程，其主要刻画方式具体如下。

2.1.1 冰川消融

在 GBEHM 模型中，冰川消融过程采用基于能量平衡的简化方法来进行估算，表达式为 (Oerlemans, 2001)：

$$Q_M = R_{sw\_in}(1-\alpha_{srf}) + R_{lw\_in} - R_{lw\_out} - Q_h - Q_l - Q_g + Q_r \qquad (2-1)$$

式中：Q_M 为表层冰川吸收的净辐射量（W/m²）；R_{sw_in} 为入射（或向下）短波辐射量（W/m²）；R_{lw_in} 为入射（或向下）长波辐射量（W/m²）；R_{lw_out} 为出射（或向上）长波辐射量（W/m²）；Q_h 为显热通量（W/m²）；Q_l 为潜热通量（W/m²）；Q_g 为穿透短波辐射通量（W/m²）；Q_r 为由降水带入的热量（W/m²）；α_{srf} 为冰川表层的反照率。

α_{srf} 的表达式为 (Oerlemans et al., 1998)：

$$\alpha_{srf} = \alpha_{snow} + (\alpha_{ice} - \alpha_{snow})e^{-h/d^*} \tag{2-2}$$

式中：α_{snow} 为冰川表面积雪的反照率；α_{ice} 为冰的表面反照率；h 为冰川表面的积雪厚度（m）；d^* 为积雪深度对反照率的影响参数（m）。

通过式（2-1）和式（2-2），冰川消融的融化水量可以估算为（Oerlemans，2001）：

$$M = \frac{Q_M}{L_f}t \tag{2-3}$$

式中：M 为单位面积的冰川融水量（kg/m^2）；Q_M 为冰川吸收的净辐射量（W/m^2）；L_f 为冰的融化潜热（$3.34 \times 105 J/kg$）；t 为单位时间步长（s）。

2.1.2　积雪累积与消融

在 GBEHM 模型中，采用多层的积雪模型来描述积雪层的质量和能量平衡。首先，针对积雪辐射传输过程，本研究引入了 SNICAR 参数化方案（Snow，Ice，and Aerosol Radiation）来进行描述（Flanner et al.，2007；Flanner et al.，2009）。SNICAR 是一个单层的辐射模型，采用 Toon et al.（1989）提出的双源辐射传输方案对积雪反照率、积雪层能量传输进行求解。

积雪反照率和各积雪层吸收的辐射量由太阳高度角（Solar Zenith Angle）、积雪层底面反照率、大气沉降气溶胶浓度、雪颗粒等效粒径（Snow Grain Effective Radius）决定。对于每个积雪计算网格，辐射传输的计算共进行两次，分别为直射光和散射光的入射辐射量。由于每个积雪单元需要在垂直方向上计算温度变化，地表吸收的太阳辐射量取决于积雪的盖度和积雪的吸收量，可以表示为

$$S_g = S_{snow}f_{snow} + (1 - f_{snow})(1 - \alpha_{soil}) \tag{2-4}$$

式中：S_g 为地表吸收的太阳辐射量（W/m^2）；S_{snow} 为积雪层吸收的辐射量（W/m^2）；f_{snow} 为积雪层的单位面积比例，或称盖度（m^2/m^2）；α_{soil} 为土壤的表层反照率。

由于在模型计算中需考虑多层积雪以及新雪与旧雪叠加的情况，为提高模型的运算效率，采用如下公式对地表积雪和无雪网格的入射辐射量进行加权计算：

$$S_g = S_{snow}(i) \cdot f_{snow} + (1 - f_{snow})(1 - \alpha_{soil})\frac{S_{snow}(i)}{1 - \alpha_{snow}} \tag{2-5}$$

式中：$S_{snow}(i)$ 为第 i 层的积雪吸收的辐射量（W/m^2）；α_{snow} 为积雪的反照率。加权算法用于计算直接辐射、散射辐射、可见光以及近红外光辐射，在考虑植被冠层等影响后，计算得到地表辐射量，由式（2-5）得到积雪层及其下方各层输入的太阳辐射量（W/m^2）。

在本研究中，积雪参数化方案来自 Jordan (1991)，在每个积雪层中均考虑了冰和液态水组成成分的变化。在每一个积雪层内，温度采用能量平衡方程来进行求解，表达式为 (Bartelt et al.，2002)：

$$C_{snow}\frac{\partial T_{snow}}{\partial t}-L_f\frac{\partial \rho_{ice}\theta_{ice}}{\partial t}=\frac{\partial}{\partial z}\left(k_{snow}\frac{\partial T_{snow}}{\partial z}\right)+\frac{\partial I_r}{\partial z}+Q_r \qquad (2-6)$$

式中：C_{snow} 为雪的单位体积热容量（J/m³/K）；T_{snow} 为积雪层温度（K）；t 为单位时间步长（s）；L_f 为冰的融化潜热（3.34×105J/kg）；ρ_{ice} 为冰的密度（kg/m³）；θ_{ice} 为单位体积的含冰量（m³/m³）；z 为雪层的深度（m）；k_{snow} 为积雪的导热系数（W/m/K）；I_r 为传输进入积雪层的辐射量（W/m²），采用前文所述的 SNICAR 方案进行计算；Q_r 为由降水带入积雪层的热量（W/m²）。

积雪层的质量平衡方程主要考虑积雪层中水、冰、水汽的相变影响，表达式为 (Bartelt et al.，2002)：

$$\frac{\partial \rho_{ice}\theta_{ice}}{\partial t}+M_{iv}+M_{il}=0 \qquad (2-7)$$

$$\frac{\partial \rho_{liq}\theta_{liq}}{\partial t}+\frac{\partial U_{liq}}{\partial z}+M_{lv}-M_{il}=0 \qquad (2-8)$$

式中：ρ_{ice} 和 ρ_{liq} 分别为冰和液态水的密度（kg/m³）；θ_{ice} 和 θ_{liq} 分别为单位体积的冰和液态水的含量（m³/m³）；t 为单位时间步长（s）；z 为雪层的深度（m）；M_{iv} 为在单位时间内从冰（Ice）变为水汽（Vapor）的质量（kg/m³/s）；M_{lv} 为在单位时间内从液态水（Liquid Water）变为水汽的质量（kg/m³/s）；M_{il} 为在单位时间内从冰变为液态水的质量（kg/m³/s）；U_{liq} 为积雪层之间的液态水通量（kg/m²/s），表达式为 (Jordan，1991)：

$$U_{liq}=-\frac{k_p}{\mu_l}\rho_{liq}^2 g \qquad (2-9)$$

式中：k_p 为积雪层的渗透率（m²）；μ_l 为 0℃ 时水的动力黏滞系数（1.787×10^{-3}N·s/m²）；ρ_{liq} 为液态水的密度（kg/m³）；g 为重力加速度常数（m/s²）。需要指出的是，积雪层底部的水流通量，即认为是积雪层的出流量，在模型中被认为是融雪径流量。

2.1.3 冻融过程中的土壤水运动

在早期的水文学研究中，针对土壤水分运动的研究主要基于形态学的观点，着眼于土壤水的形态和数量，用于服务和指导农田水利的生产和应用，例如通过饱和砂层渗透试验得出的达西定律等。1907 年，Buckingham 首次将毛管势的概念应用到土壤水，开启了基于能态学研究土壤水运动的新途径。1931 年，

Richards 发展了毛管势的概念，通过修正达西定律，得到了适用于非饱和土壤水分运动的 Richards 方程，表达式为：

$$\frac{\partial \theta_{liq}}{\mathrm{d}t} = -\nabla(K(\theta_{liq}) \cdot \nabla\Psi(\theta_{liq})) \tag{2-10}$$

式中：θ_{liq} 为液态水体积含量（m^3/m^3）；t 为时间步长（s）；$K(\theta_{liq})$ 为非饱和土壤的导水率（m/s）；$\Psi(\theta_{liq})$ 为土壤水势（m）；∇ 为哈密顿算子。利用 Richards 方程，可将导水率表述为土壤水势的函数，从而可以将数学物理方法引入土壤水的研究中，因此推进了土壤水研究逐步从静态、定性描述和经验性分析，转变为动态、定量计算和机理性研究（雷志栋等，1999）。

对于寒区冻结土壤水而言，在冻结季和融化季会经历周期性的冻融循环过程，出现液态水、固态冰、气态水汽三相共存的状况。因此，寒区土壤水分运动计算和参数化方案更加复杂。计算中一般简化认为土体组分均匀，同时不考虑相变过程涉及的体积变化，可改写 Richards 方程为如下形式：

$$\frac{\partial \theta_{liq}}{\mathrm{d}t} = -\nabla(K(\theta_{liq}) \cdot \nabla\Psi(\theta_{liq}, \theta_{ice}, \theta_{vap})) - \frac{\rho_{ice}}{\rho_{liq}}\frac{\partial \theta_{ice}}{\mathrm{d}t} - \frac{\rho_{vap}}{\rho_{liq}}\frac{\partial \theta_{vap}}{\mathrm{d}t}$$

$$\tag{2-11}$$

式中：θ_{ice} 为土壤中固态冰体积含量（m^3/m^3）；θ_{vap} 为土壤中水汽体积含量（m^3/m^3）；ρ_{ice}、ρ_{vap}、ρ_{liq} 分别为冰、水汽和水的密度（kg/m^3）。

在本研究采用的 GBEHM 模型中，土壤的冻结和融化过程是通过土壤水热平衡方程来进行刻画的，其中能量平衡方程表达为（Flerchinger et al.，1989）：

$$\rho_{ice}L_f\frac{\partial \theta_{ice}}{\partial t} - C_s\frac{\partial T}{\partial t} + \frac{\partial}{\partial z}\left(k_s\frac{\partial T}{\partial z}\right) + \rho_{liq}C_{liq}\frac{\partial q_{liq}T}{\partial z} = 0 \tag{2-12}$$

式中：ρ_{ice} 和 ρ_{liq} 分别为冰和液态水的密度（kg/m^3）；L_f 为冰的融化潜热（$3.34 \times 10^5 J/kg$）；θ_{ice} 为土壤中冰的体积含量（m^3/m^3）；C_s 为冻结土壤的单位体积热容量（$J/m^3/K$）；C_{liq} 为液态水的单位质量热容量（$J/kg/K$）；q_{liq} 为土壤层之间的液态水通量，采用 Richards 方程进行计算；k_s 为土壤导热系数（$W/m/K$），采用 Johansen 解法进行计算；T 为土壤温度（K）；t 为时间步长（s）；z 为土壤深度（m）。

在 GBEHM 模型中，非饱和土壤的导水率采用类似 Van Genuchten 模型的方法进行计算，表达式为（Van Genuchten，1980）：

$$K = f_{ice}K_{sat}\left(\frac{\theta_{liq} - \theta_r}{\theta_s - \theta_r}\right)^{\frac{1}{2}}\left\{1 - \left[1 - \left(\frac{\theta_{liq} - \theta_r}{\theta_s - \theta_r}\right)^{\frac{1}{m}}\right]^m\right\}^2 \tag{2-13}$$

式中：K 为非饱和土壤导水率（m/s）；K_{sat} 为饱和土壤导水率（m/s）；θ_{liq} 为土壤体积含水量（m^3/m^3）；θ_s 和 θ_r 分别为土壤饱和含水量和残余含水量（m^3/m^3）；参数 $m = 1 - 1/n$，n 是 Van Genuchten 模型中的形态参数，用于描述孔隙

大小分布（Van Genuchten，1980）；f_{ice} 为土壤导水率的折减系数，也被称作导水率阻抗系数（Stähli et al.，1996），通常采用土壤温度 T 进行计算，表达式为：

$$f_{ice} = \exp(-10 \times (T_f - T)) \tag{2-14}$$

式中：T_f 是水的凝固点，或称为冰点（273.15K）；T 为土壤温度（K），且规定 f_{ice} 的取值最小值不低于 0.05，最大值不超过 1.00。需要指出的是，有研究表明，折减系数方法可能会在极少数温度接近冰点时，出现计算不稳定的情况，因而并不是一种完全理想的冻土导水率的参数化方案（Kurylyk et al.，2013）。但是，考虑到本研究中所采用的 GBEHM 模型主要面向大范围尺度的模拟，计算复杂度较高，因而仍采用这种简化方法来模拟土壤冻结对水分传输的影响。

模型中的顶层土壤层接收来自大气的热量辐射传输，并作为土壤层中能量传输的上边界条件。表层土壤层所接收的热量通量主要来自太阳辐射，表达式为（Oleson et al.，2010）：

$$h = R_n - H - \lambda E + Q_r \tag{2-15}$$

式中：h 为从大气到表层土壤的辐射热量通量（W/m^2）；R_n 为向下净辐射量（W/m^2）；H 和 λE 为从表层土壤层到大气的显热通量和潜热通量（W/m^2）；Q_r 为由降水带入土壤层的热量（W/m^2）。

土壤层底部热量通量的下边界条件在模型中给定为：假设为在模型中土壤深层（如 50m）处为零通量边界，即不考虑深层的向上地热传导。由于多数寒区冻土区的土壤热量通量观测数据欠缺，导致深层土壤热量传递过程较难以准确估算，已有的钻孔资料能提供部分点尺度的深层土壤温度数据，可用作对模型初始值的校正，因而可以认为本研究所采用的零通量假设具有意义。

2.2　植被动态过程

植被动态过程（Vegetation Dynamics）是指植被生长对于气候条件、非生物环境、生物相互作用、外界干扰过程的响应。具体到数学物理模型中的植被动态模拟，主要包括植被的光合作用、呼吸作用、物候期变化等方面。在本研究所采用的 GBEHM 模型中，植被动态过程作为可选模块：可以在开启状态下，根据输入的气候驱动数据动态模拟植被的生长；也可以在关闭状态下，输入已知植被生长状态参数，对植被生长对模型中水文过程、冻土变化的影响进行分析。以下将对模型中的光合作用、呼吸作用、物候和碳分配过程、冠层腾发量的计算方案进行介绍。

（1）光合作用采用 Farquhar et al. 提出的基于生物化学过程的光合作用模型进行计算（Farquhar et al.，1980；Collatz et al.，1991；Collatz et al.，

1992），表达式为：

$$A = \min(w_c, w_j) \qquad (2-16)$$

式中：A 为光合速率（mol $CO_2/m^2/s$）；w_c 为 Rubisco 酶限制下的羧化速率（mol $CO_2/m^2/s$），为最大羧化速率的函数，需要利用冠层温度和活化能进行计算；w_j 为电子转移速率限制下的羧化速率（mol $CO_2/m^2/s$），需考虑最大电子转移速率和光能利用效率，并根据不同的 C3 或 C4 植物类型进行区别计算。在冠层尺度，冠层光合速率采用 Sellers et al.（1992）提出的方案，表达式为：

$$GPP = A_c = A_{sl} \cdot \left[\frac{1 - \exp(-k_n \cdot L_T)}{k_n} \right] \qquad (2-17)$$

式中：GPP 为总初级生产力（Gross Primary Productivity）（mol $CO_2/m^2/s$）；A_c 为冠层光合速率（mol $CO_2/m^2/s$）；A_{sl} 为叶片尺度的光合速率（mol $CO_2/m^2/s$）；k_n 为冠层的消光系数；L_T 为冠层的总叶面积指数（m^2/m^2）。

（2）呼吸作用采用 LPJ（Lund-Postdam-Jena）和 Biome-BGC 模型中的计算方法（Sitch et al.，2003），表达式为：

$$R_g = 0.25(GPP - R_m) \qquad (2-18)$$

$$NPP = GPP - R_m - R_g = 0.75(GPP - R_m) \qquad (2-19)$$

式中：R_g 为生长呼吸速率（mol $CO_2/m^2/s$）；R_m 为维持呼吸速率（mol $CO_2/m^2/s$）；NPP 为净初级生产力（Net Primary Productivity）（mol $CO_2/m^2/s$）。从式（2-19）可以看出，呼吸作用即是从 GPP 中减去维持呼吸 R_m，其中 25% 被用作于生长呼吸 R_g，其余 75% 为净初级生产力 NPP。

（3）植被物候主要通过积温来进行控制，反映为植被叶面积指数的季节性变化。在冬季植被通常处于休眠状态，随着温度的升高植被开始复苏，从休眠到复苏的转变条件采用生长积温（Growing Degree Days，GDD）来进行判断，即累积的热量达到某一植被生长所需的能量时开始生长，积温的表达式为：

$$GDD = \sum_{d=1}^{365} T_a(d) + GDD_{base} \qquad (2-20)$$

式中：GDD 为生长积温（K）；GDD_{base} 为积温初始值（K），用于校准和触发模型中设定的物候期阈值条件；$T_a(d)$ 为第 d 天的气温（K）。

碳分配参考 LPJ（Lund-Postdam-Jena）模型中的计算方案（Sitch et al.，2003），植被在生长开始初期，各组织（根、茎、叶）生长需要的碳储存在非结构碳库（Nonstructural Carbon Pool）中。在非结构碳库耗尽之后，各组织生长所需的碳全部来自植被光合作用，此时涉及碳分配过程。植被的生长过程就是碳库分配到叶、茎、根，以及凋落物的产生。模型包含了四个碳库：非结构碳库、叶碳库、茎碳库、根碳库。

由光合作用所固定的碳首先进入非结构碳库，然后再根据碳库大小和温度、湿度来计算可分配给植被各组织的碳，最后根据给定的分配系数，将可分配的碳分配到植被的根、茎、叶等组织，表达式为（Sitch et al.，2003）：

$$C_{leaf} = w_{st} \cdot r_{leaf} \cdot C_{avl} \tag{2-21}$$

$$C_{root} = (1 - w_{st}) \cdot r_{root} \cdot C_{avl} \tag{2-22}$$

$$C_{stem} = (1 - r_{root} - r_{leaf}) \cdot C_{avl} \tag{2-23}$$

式中：C_{avl} 为经过光合作用和非结构碳库后的可分配碳（mol CO_2/m^2）；C_{root}、C_{stem}、C_{leaf} 分别为植物根、茎、叶的最终碳分配量（mol CO_2/m^2）；w_{st} 为水分胁迫系数；r_{leaf} 和 r_{root} 分别为分配给叶和根的碳的比例。

（4）冠层腾发率 E_{ct} 的计算采用 SiB2（Simple Biosphere Model）模型的计算方案，表达式为（Sellers et al.，1996）：

$$\lambda E_{ct} = \left[\frac{e^*(T_c) - e_a}{1/g_c + 2r_b} \right] \frac{\rho_a c_p}{\gamma} (1 - W_c) \tag{2-24}$$

式中：λ 为汽化潜热（J/kg）；E_{ct} 为冠层腾发率（kg/m^2/s）；$e^*(T_c)$ 为冠层温度为 T_c（K）时的饱和水汽压（Pa）；e_a 为冠层间空气的水汽压（Pa）；g_c 为冠层导度（m/s）；r_b 为冠层的边界层阻抗（s/m）；ρ_a 为空气密度（kg/m^3）；c_p 为空气比热（J/kg/K）；γ 为湿度计算常数（Pa/K）；W_c 为冠层湿润部分比例。

冠层导度 g_c 的计算表达式为（Sellers et al.，1996）：

$$g_c = m \frac{A_c}{C_{srf}} h_s p_a + b L_T \tag{2-25}$$

式中：m 和 b 为经验系数，根据 C3 或 C4 植物类型来进行选取；A_c 为冠层的光合速率（mol $CO_2/m^2/s$）；C_{srf} 为叶片表面的 CO_2 分压（Pa）；h_s 为叶片表面的相对湿度；p_a 为大气压强（Pa）；L_T 为冠层的总叶面积指数（m^2/m^2）。

冠层的光合速率 A_c 的计算表达式为（Sellers et al.，1996）：

$$A_c = A_{n0} \Pi \tag{2-26}$$

$$\Pi \approx FPAR/k_{avg} \tag{2-27}$$

式中：A_{n0} 为位于冠层顶部的叶片的净同化速率 A_n 的取值（mol $CO_2/m^2/s$）；$FPAR$ 为冠层的光合有效辐射比例（Fraction of Photosynthetically Active Radiation）；k_{avg} 为冠层的平均消光系数。

净同化速率 A_n 的表达式为（Sellers et al.，1996）：

$$A_n = A_l - R_d \tag{2-28}$$

式中：A_l 为叶片尺度的光合速率（mol $CO_2/m^2/s$）；R_d 为叶片尺度的呼吸速率（mol $CO_2/m^2/s$）。A_l 主要考虑光合作用最大羧化速率、冠层的平均温度、土壤水分胁迫和其他环境因子进行估算（Sellers et al.，1996）。

2.3　山坡水文过程

除了冰冻圈的水文过程之外，山坡单元的其他水文过程主要包括植被冠层截留、山坡单元蒸散发及降雨入渗在非饱和带的水分运动等。

山坡单元在垂直方向划分为三层：植被层、非饱和带、潜水层（图 2-1）。在植被层，考虑降水截留和截留蒸发。对非饱和土壤层，沿深度方向进一步划分为 10 小层，每层厚度为 0.1～0.5m，在非饱和土壤层采用 Richards 方程来描述土壤水分的运动，降雨入渗是该层上边界条件，而蒸发和蒸腾是其中的源汇项。在潜水层，考虑其与河流之间的水量交换。

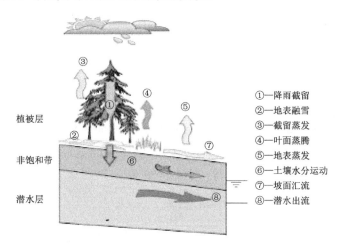

| ①—降雨截留 |
| ②—地表融雪 |
| ③—截留蒸发 |
| ④—叶面蒸腾 |
| ⑤—地表蒸发 |
| ⑥—土壤水分运动 |
| ⑦—坡面汇流 |
| ⑧—潜水出流 |

图 2-1　山坡单元水文过程描述

2.3.1　植被冠层截留

植被冠层对降雨的截留是一个极其复杂的过程，难以用具体的数学方程来描述降雨在植被叶面上的运动。因此在山区生态水文模型中，将该过程进行简化，仅考虑植被冠层叶面截留能力对穿过雨量的影响。植被对降雨的截留能力一般随植被种类和季节而变化，可视为叶面积指数 LAI 的函数（Sellers et al.，1996）：

$$S_{co}(t) = I_0 K_v LAI(t) \qquad (2-29)$$

式中：$S_{co}(t)$ 为 t 时刻植被冠层的最大截留能力（mm）；I_0 为植被的截留系数，一般为 0.1～0.2，与植被类型有关；K_v 为植被覆盖率；$LAI(t)$ 为 t 时刻植被的叶面积指数，该指数通过遥感获得的 $NDVI$ 值估算。

降雨首先须饱和植被的最大截留量，而后盈出的部分才能到达地面。某一时刻的实际降雨截留量由该时刻的降雨量和冠层潜在截留能力共同决定的，t 时刻冠层的潜在截留能力为：

$$S_{cd}(t) = S_{co}(t) - S_c(t) \qquad (2-30)$$

式中：$S_{cd}(t)$ 为 t 时刻冠层的潜在截留能力（mm）；$S_c(t)$ 为 t 时刻冠层的蓄水量（mm）。考虑到降雨强度 $R(t)$（mm/h），则在 Δt 时段内冠层的实际截留量为：

$$I_{actual}(t) = \begin{cases} R(t)\Delta t, & R(t)\Delta t \leqslant S_{cd}(t) \\ S_{cd}(t), & R(t)\Delta t > S_{cd}(t) \end{cases} \qquad (2-31)$$

2.3.2 实际蒸散发量估算

蒸散发是水转化为水蒸气返回到大气中的过程，包括植被冠层截留水量、开敞的水面和裸露的土壤，以及土壤水经植物根系吸收后在冠层叶面气孔处的蒸发（也称蒸腾）。冠层截留的蒸发量、冠层腾发量、表层土壤蒸发量这三者相加，即为山坡单元的实际蒸散发量，这三个部分的计算方法分别如下：

1. 植被冠层截留的蒸发

当有植被覆盖时，首先从植被冠层截留的蓄水开始蒸发。当 t 时刻的冠层截蓄水量满足潜在蒸发能力时，则实际蒸发量等于潜在蒸发量；当不满足时，则实际蒸发量等于该时刻的冠层截蓄水量，具体表达式为：

$$E_{canopy} = \begin{cases} K_v K_c E_p \Delta t, & S_c(t) \geqslant K_v K_c E_p \Delta t \\ S_c(t), & S_c(t) < K_v K_c E_p \Delta t \end{cases} \qquad (2-32)$$

式中：E_{canopy} 为 Δt 时段冠层截留的蒸发量（mm）；K_c 为参考作物系数；E_p 为潜在蒸发率（mm/h）。

2. 冠层腾发

当植被冠层的截留蓄水量不能满足潜在蒸发能力时，叶面蒸腾开始。冠层腾发量的计算方法采用 SiB2（Simple Biosphere Model）模型的计算方案，相关内容在 "2.2 节植被动态过程" 中已经进行了介绍，具体计算公式见式（2-24）。

3. 表层土壤蒸发

当没有植被覆盖时，蒸发从地表开始。如果地表有积水，计算实际蒸发的表达式为：

$$E_{surface} = \begin{cases} (1-K_v)E_p \Delta t, & S_s(t) \geqslant E_p(1-K_v)\Delta t \\ S_s(t), & S_s(t) < E_p(1-K_v)\Delta t \end{cases} \qquad (2-33)$$

式中：$E_{surface}$ 为 Δt 时段裸露地表的实际蒸发量（mm）；$S_s(t)$ 为 t 时刻地表的积水深（mm）。

当地表没有积水或地表积水不能满足潜在蒸发能力时，蒸发将发生在土壤表面，其蒸发率计算如下：

$$E_s(t) = \left[(1-K_v)E_p - E_{surface}(t)\right]f_2(\theta) \qquad (2-34)$$

式中：$E_s(t)$ 为 t 时刻土壤表面的实际蒸发率（mm/h）；$f_2(\theta)$ 为土壤含水量的函数，当地表积水时，$f_2(\theta) = 1.0$；当土壤含水量小于等于凋萎系数时，$f_2(\theta) = 0.0$，其间则为线性变化。

2.3.3　坡面产流过程

GBEHM 模型通过求解土壤水热耦合平衡方程计算土壤水分的运动（详见"2.1.3 节冻融过程中的土壤水运动"），进而可以得出山坡单元的超渗产流量和蓄满产流量。土壤表面的边界条件取决于降雨强度，当降雨强度小于或等于地表饱和土壤导水率时，所有降雨将渗入土壤，不产生任何地表径流。对于较大的雨强，在初期，所有降雨渗入土壤，直到土壤表面变成饱和。此后，入渗小于雨强时，地表开始积水。当坡面产流量超过地表填洼量后，地表径流将以动力波的形式从山坡汇入河道（Cong et al.，2009）。

在降雨发生后，土壤中接近地表的土壤层首先饱和。在重力作用下，沿山坡坡面的土壤水渗出形成壤中流，表达式为（杨大文等，2004）：

$$q_{sub} = K_0 \sin\beta \qquad (2-35)$$

式中：q_{sub} 为壤中流的流速（m/s）；K_0 为饱和土壤的水力传导系数（m/s）；β 为山坡坡度。

2.4　地表水-地下水交换

GBEHM 模型中采用达西定律来描述地下水潜水层与河道的水量交换，表达式为（Yang et al.，2002）：

$$\begin{cases} \dfrac{\partial S_G(t)}{\partial t} = Q_{rech}(t) - Q_{leak}(t) - \dfrac{q_G(t)}{A_{slope}} \\ q_G(t) = K_g\left(\dfrac{H_1 - H_2}{l/2}\right)\left(\dfrac{h_1 + h_2}{2}\right) \end{cases} \qquad (2-36)$$

式中：$S_G(t)$ 为饱和含水层的地下水储水量（m³/m³）；$Q_{rech}(t)$ 为饱和含水层与非饱和含水层之间的水量交换速率（m³/m³/s）；$Q_{leak}(t)$ 为含水层的向下渗漏量（m³/m³/s）；$q_G(t)$ 为地下水与河道之间水量交换的单宽流量（m²/s）；A_{slope} 为山坡的坡面面积（m²）；K_g 为地下水潜水层的饱和导水率（m/s）；H_1 为水量交换前的潜水层地下水位（m）；H_2 为水量交换后的地下水位（m）；l 为坡长（m）；h_1 和 h_2 分别为水量交换前后的河道水位（m）。

2.5 山坡汇流与河网汇流

山坡的产流量可以采用曼宁公式按恒定流简化计算，表达式为（杨大文等，2004）：

$$q_s = \frac{1}{n_s}(\sin\beta)^{1/2} h_{net}^{5/3} \qquad (2-37)$$

式中：q_s 为单宽流量（m^2/s）；n_s 为坡面的曼宁系数；β 为山坡坡度；h_{net} 为在地表填洼后的净水深（m）。

在 GBEHM 模型中，各个计算网格的产流量作为侧向入流进入河道，模型中单一河道的汇流过程采用动力波方法求解，表达式如下：

$$\begin{cases} q_{lt} = \dfrac{\partial A_{sc}}{\partial t} + \dfrac{\partial Q}{\partial x} \\ Q = \dfrac{S_0^{1/2}}{n_r \cdot p_w^{2/3}} A_{sc}^{5/3} \end{cases} \qquad (2-38)$$

式中：q_{lt} 为河道的单宽侧向入流量（m^2/s）；A_{sc} 为河道的横截面面积（m^2）；t 为汇流过程的计算时间步长（s），在模型中一般取为 1h；Q 为河道的径流量（m^3/s）；x 为沿河道方向的距离（m）；S_0 和 n_r 分别为河床的坡度与糙率；p_w 为河道横断面的湿周（m）。

由单一河道汇流结果可以得出各个子流域的出口流量。对于河网的汇流，依据子流域支流与干流之间的河网拓扑关系，考虑子流域各个汇流区间和路径的影响，基于水量平衡原理，在河网汇流节点进行累加计算，可以得到流域出口的流量过程，即实现从河道汇流到整个河网汇流过程的模拟。

2.6 小结

本章介绍了冰川-积雪-冻土-水文多过程耦合的分布式生态水文模型 GBE-HM 对冰冻圈主要生态水文过程的数学物理刻画方法，包括了冰川消融、积雪累积与消融、土壤冻融等冰冻圈水文过程，光合作用、呼吸作用、物候与碳分配等植被动态过程，植被冠层截留、实际蒸散发量估算、坡面产流等山坡水文过程、地表水-地下水交换过程，以及山坡汇流与河网汇流过程等。模型有效刻画了高寒流域的冰川-积雪-冻土-植被复杂下垫面变异特征，体现了冰冻圈要素与生态水文过程相互作用的寒区流域特色，提升了气候变化下河流源区及上游山区径流变化模拟与预测能力。

第 3 章
长江上游分布式水文模型构建

长江是中华民族的母亲河，长江源头至湖北宜昌这一江段被称作长江上游，依次流经青海、西藏、四川、云南、重庆、湖北等 6 个省（自治区、直辖市），流域控制面积约 100 万 km²，提供了长江流域约 50％的总径流。气候变化导致的冰雪冻土变化及其对长江上游径流的影响，进而对三峡工程等骨干枢纽和长江生态环境的影响是长江流域水问题的研究热点之一。本研究将冰川-积雪-冻土-水文过程耦合的分布式模型 GBEHM 应用于长江上游，本章将介绍模型构建过程中采用的数据，并基于径流观测数据对模型模拟结果进行验证。

3.1 建模所用的数据

分布式水文模型 GBEHM 的主要输入数据见表 3-1，其中地形数据、土壤参数数据为静态数据，土地利用数据、植被参数数据可定期进行更新，而气象驱动数据则是动态数据，根据计算方案进行选择。如进行未来预报，则需要进行实时更新。本研究收集了长江上游流域内 89 个气象站的日平均、最高、最低气温，平均风速，相对湿度，日照时数。这些数据主要来自于中国国家气象站的观测资料，可以通过国家气象信息中心网站进行查阅和下载。由于模型输入数据需要空间分布数据，因此对站点观测信息进行空间插值，从而生成网格尺度的空间分布数据。空间插值方法采用方向距离权重法（Angular Distance Weighting Method，ADW），该方法考虑了站点间的相对位置关系（杨大文等，2004）。降水数据根据国家气象信息中心站点数据插值得到网格降水产品（Shen et al.，2016）。由于气象资料是逐日的，而本次计算时间步长为 1h，因此需要将日气象数据在时间上进行插值。在降水的时间插值中，根据日降水量大小确定降水历时，然后按正态分布将日降水量分配到逐时，日内降水开始时间随机生成。逐时温度根据日最高气温和最低气温依 sin/cos 函数分布内插，并假设日最高气温发生在 14 时，最低气温则在 4 时。

刻画流域特性的土壤水力参数及土壤质地参数从戴永久团队（Dai et al.，2013；Shangguan et al.，2013）生成的全国土壤性质参数集中获得。土地利用情况由中国科学院资源环境科学数据平台提供，刻画植被生成情况的叶面积指数 LAI 和光合有效辐射分量 FPAR 从朱再春等生成的全球数据集（Zhu et al.，2013）中获得。水文数据用于模型的率定和验证。

表 3-1　　　　　　　分布式水文模型 GBEHM 的主要输入数据

数据类型	数据或参数	单位	空间尺度	时间尺度
气象驱动数据	降水量	mm	站点尺度	日尺度
	气温（日均值、日最高值、日最低值）	℃		
	风速	m/s		
	相对湿度	%		
	日照时数	h		
地形数据	海拔高程（DEM）	m	90m×90m	
土壤参数数据	土壤黏土含量	%	0.00833°×0.00833°	
	土壤砂土含量			
	土壤有机碳含量			
	饱和含水率	cm³/cm³		
	残余含水率	cm³/cm³		
	饱和导水率	cm/d		
	水分参数 α	1/cm		
	土壤空隙参数 n			
土地利用数据	土地利用类型图		30m×30m	
植被参数	叶面积指数（LAI）		0.0833°×0.0833°	每 15 天 1 次
	光合有效辐射（FPAR）			
模型模拟结果验证数据	径流量	m³/s	站点尺度	月尺度
	季节性冻土冻结深度	cm		日尺度

依据长江上游的特点，将原始土地利用类型按模型需要重新归为 10 类，分别为水体、城镇、裸地、森林、灌木、农田、草地、湿地、坡地和冰川。其中四川盆地和乌江流域以灌溉农田为主，在东北和西南以灌木和森林为主，在西部（高程超过 3000m）主要以草地为主。模型在不同土地利用类型条件下给定不同的水文或植被参数（许继军等，2010）。上述土地利用类型的参数见表 3-2。

在模型的计算过程中，每个网格单元中的生态水文过程在不同的土地利用类型上单独计算，网格单元的计算结果再基于网格中不同土地利用类型的面积比例加权得到。

表 3-2 长江上游土地利用类型的基本参数

土地利用类型	植被覆盖率	最大叶面积指数	参考作物系数	根系层深度/m	土壤各项异性指数	地表最大洼蓄量/mm	地表糙率
水体	0.0	3.3	0.95	0.0	1.0	0.0	0.02
城镇	0.2	3.3	0.8	0.5	1.0	10.0	0.15
裸地	0.05	3.3	0.8	0.3	1.0	15.0	0.2
森林	0.8	8.0	0.75	1.0	5.0	25.0	0.4
农田	0.9	3.3	0.8	0.5	1.0	20.0	0.2
坡地	0.9	3.3	0.8	0.5	1.0	20.0	0.3
草地	0.8	3.3	0.8	0.5	5.0	20.0	0.3
灌木	0.7	4.8	0.75	1.0	3.0	20.0	0.3
湿地	0.5	3.3	0.85	0.5	1.0	10.0	0.1
冰川	0.0	3.3	0.15	0.0	1.0	0.0	0.1

注 土壤各项异性指数是指沿山坡方向的饱和导水率与垂直于山坡方向的饱和导水率之比。

3.2 模型率定与验证

模型利用观测径流率定参数，率定期和验证期分别选取了人类干扰相对较少的 1961—1970 年和 1971—1980 年，率定的指标包括纳什效率系数 NSE 和相对误差百分数 $PBIAS$。模型中进行手动率定的主要参数包括河道形状参数、土壤饱和导水率和地下水导水系数等。在率定期和验证期，长江上游从上到下主要的干流水文站石鼓、屏山、宜昌水文站实测和模拟的日径流量对比见图 3-1，上游干支流 10 个主要水文站（即直门达、石鼓、屏山、泸宁、高场、富顺、北碚、武隆、寸滩和宜昌）径流模拟的 NSE 和 $PBIAS$ 见表 3-3。验证期内 10 个站点的 NSE 值均大于 0.76，$PBIAS$ 值也在 ±3.5% 的范围内，说明构建的模型能够较好地再现长江上游主要干支流的径流变化。

表 3-3 模型在各水文站的率定和验证指标统计

站点名称	所在流域	率 定 期		验 证 期	
		NSE	PBIAS/%	NSE	PBIAS/%
直门达	通天河	0.79	0.6	0.79	−0.2
石鼓	金沙江上段	0.90	−0.1	0.92	−2.5
屏山	金沙江下段	0.94	0.2	0.92	0.8
泸宁	雅砻江	0.94	−2.0	0.94	1.5
高场	岷江	0.83	−5.4	0.79	−1.5

站点名称	所在流域	率　定　期		验　证　期	
		NSE	PBIAS/%	NSE	PBIAS/%
富顺	沱江	0.72	−2.3	0.78	−3.5
北碚	嘉陵江	0.92	−4.4	0.92	−1.5
武隆	乌江	0.93	0.6	0.91	3.1
寸滩	干流	0.95	−1.4	0.95	0.4
宜昌	干流	0.91	−0.9	0.89	0.3

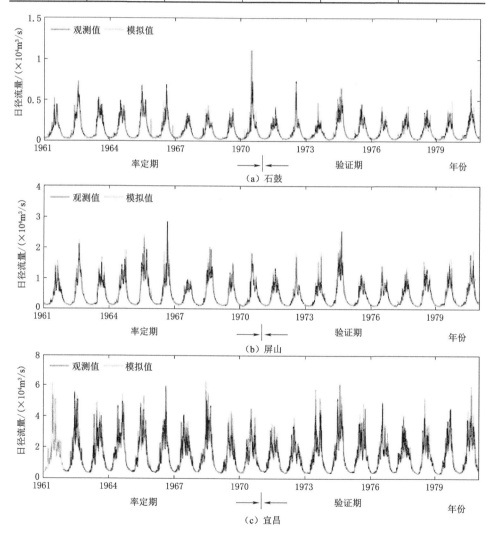

图 3-1　长江上游主要水文站点观测和模拟日径流量比较（见文后彩插）

3.3　小结

本章在长江上游（宜昌水文站以上，流域面积 100 万 km^2）构建了分布式生态水文模型 GBEHM，在建模过程中采用了气象驱动数据和土壤、土地利用等下垫面数据，有效刻画了流域气象要素与下垫面要素的空间异质特征，并基于长江上游主要干支流流量数据对模型参数进行了率定验证。结果表明，各水文站的日径流模拟值与观测值有很好的一致性，模型对日径流过程的模拟效果良好，能够准确模拟气候变化下长江上游径流及其时空变化特征。

第4章
长江上游历史径流变化特征分析

观测数据表明，长江上游近60年（1961—2019年）的水文过程发生了明显的变化，靠近上游出口的干支流水文站的径流显著减少。长江上游是我国重要的水资源供给地，其水资源的变化与数亿人民的生活息息相关，因而对其径流变化及变化原因的分析十分重要。本章将结合分布式水文模型GBEHM模拟结果，并收集整理相关统计资料，分析过去60年间长江上游历史径流变化特征，阐明气候变化、人类活动及冰冻圈变化对流域径流过程的影响。

4.1 长江上游径流演变特征及归因分析

图4-1给出了长江上游主要干支流1961—2019年的年降水和实测年径流的距平值。长江源区2000年以后径流距平值基本为正，与相应时间段内降水的距平值大多数为正一致，然而2000年后降水距平值的增加幅度明显大于径流距平值的增加幅度。金沙江上游2000年以后降水的距平值基本为正，然而径流距平值有正有负，说明在降水增加的情况下径流没有出现相应的增加。再往下游的岷江、嘉陵江、乌江、寸滩以及宜昌水文站2000年以后的径流距平值基本为负，反映了靠近长江上游出口处干支流径流的降低，与这些水文站控制流域内的降水在2000年以后出现降低一致，但是近几年在降水距平值增加较为明显的情况下，径流距平值的增加幅度不如降水。上述分析表明，除了降水以外，长江上游径流还受到了其他因素的影响。

根据宜昌水文站的实测径流量变化过程，分析长江上游历史径流的变化规律。1890—2019年，宜昌水文站的年径流量经历了轻微增加（1890—1921年）-略微下降（1922—1960年）-显著下降（1961—2019年）三个阶段。为了定量分析径流量变化原因，根据历史气象数据的观测时段，本研究聚焦于1961—2019年时间段的径流变化归因。

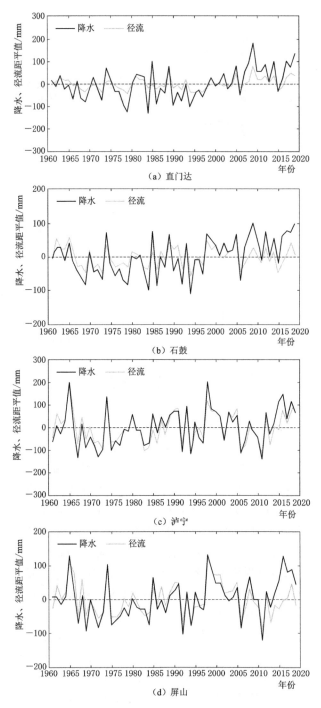

（a）直门达

（b）石鼓

（c）泸宁

（d）屏山

图 4-1（一）　长江上游主要干支流 1961—2019 年的年降水和
实测年径流的距平值（见文后彩插）

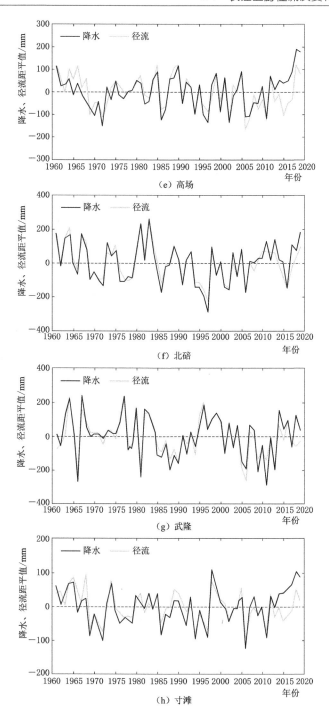

图 4-1（二） 长江上游主要干支流 1961—2019 年的年降水和
实测年径流的距平值（见文后彩插）

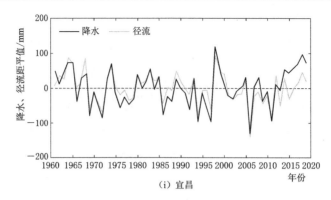

（i）宜昌

图 4-1（三）　长江上游主要干支流 1961—2019 年的年降水和
实测年径流的距平值（见文后彩插）

　　图 4-2 展示了长江上游出口站宜昌水文站实测年径流量的时间序列，
1961—2019 年间，宜昌站的实测多年平均年径流量为 4286 亿 m³，年径流量呈
现下降趋势，约 60 亿 m³/10a，在过去 60 年间年径流量平均减少了 354 亿 m³。
根据宜昌水文站的年径流变化特征，将 1961—2019 年划分成两个时间段：
1961—2000 年为第一阶段，2001—2019 年为第二阶段。根据分布式水文模型模
拟结果分析不同支流和干流区间年径流量的变化及其对宜昌水文站年径流量贡
献比例的变化，并结合统计数据分析了人类活动对年径流的影响。

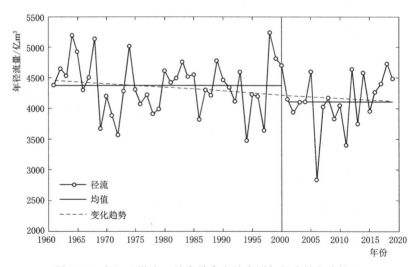

图 4-2　长江上游出口站宜昌水文站实测年径流量变化情况

　　从第一阶段（1961—2000 年）到第二阶段（2001—2019 年），金沙江、雅
砻江对宜昌水文站年径流的贡献比例增加，嘉陵江、乌江和干流区间的年径流
贡献比例减少（表 4-1）。在 2000 年前后两个阶段，宜昌站径流量减少 269.3

亿 m³，其中，屏山-宜昌干流区间以及乌江的径流量减少最明显。从模拟天然径流的空间分布来看，长江上游西北部的径流量增加，南部的径流量减少，见图 4-3（b）。根据分布式水文模型模拟结果分析，在不考虑水库蓄水和人工取用水的情况下，长江上游的年径流量下降了 134.8 亿 m³，但其中包含了自然植被变化和人工植树造林的影响。进一步通过数值模拟试验估计得到人工植被变化对宜昌站年径流量的影响约为 -13.2 亿 m³。可见，近 20 年来长江上游植被增加也是径流量减少的原因之一。根据人口、有效灌溉面积、工业发电量变化，计算得到人工取用水耗水量年均增加 80.2 亿 m³，见图 4-4。根据收集到的干支流水库资料，在 2000 年前后两阶段，长江上游大型水库蓄水量平均每年增加了 52.9 亿 m³，见图 4-5。

表 4-1　从 1961—2000 年到 2001—2019 年长江上游年径流量的变化

流域		第一阶段年径流量		第二阶段年径流量		年径流量变化	
		年均值/亿 m³	占宜昌站年流量比例/%	年均值/亿 m³	占宜昌站年流量比例/%	年均值变化量/亿 m³	比例变化/%
支流	雅砻江	434.4	9.9	423.5	10.3	-10.9	0.4
	岷沱江	980.7	22.4	921.3	22.4	-59.4	0.0
	嘉陵江	670.5	15.3	622.4	15.2	-48.1	-0.1
	乌江	505.4	11.6	441.1	10.7	-64.3	-0.9
干流	金沙江上游	421.3	9.6	431.6	10.5	10.3	0.9
	金沙江下游	581.7	13.3	555.0	13.5	-26.7	0.2
	干流区间	779.1	17.8	708.9	17.3	-70.2	-0.5
	宜昌站	4373.1	100.0	4103.8	100.0	-269.3	0.0

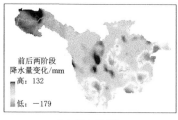

前后两阶段
降水量变化/mm
■高：132
■低：-179

（a）降水量变化

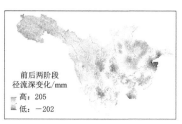

前后两阶段
径流深变化/mm
■高：205
■低：-202

（b）径流深变化

图 4-3　2000 年前后两阶段长江上游降水量和模拟天然径流深的变化情况
（见文后彩插）

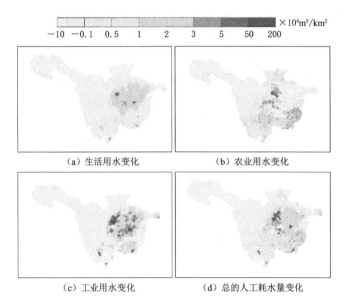

（a）生活用水变化　　　　　　　（b）农业用水变化

（c）工业用水变化　　　　　　　（d）总的人工耗水量变化

图 4-4　生活用水、农业用水、工业用水及总的人工耗水量
从第一阶段到第二阶段的变化情况（见文后彩插）

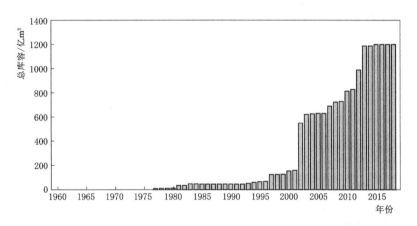

图 4-5　长江流域大型水库总蓄水库容量逐年变化情况

　　综上，气候变化、人工取用水、水库蓄水和人工植被恢复对长江上游径流减少的贡献比例分别为 45.2%，29.8%，19.6% 和 4.9%。基于遥感观测的实际植被 LAI 和 FPAR 模拟得到的年径流深见图 4-3（b），年径流深在西北部增加，南部减少，这与图 4-3（a）所示的年降水量变化空间特征一致。由图 4-3（b）年径流深的空间变化可知，在源区某些格点的年径流深增加量高于年降水量的增加量，这主要是由于冰川加速融化所致。从第一阶段到第二阶段的径流量和降水量的减少程度，呈现出从金沙江下游至宜昌水文站逐步

增加的空间格局。图4-6为降水、径流和气温在两阶段的变化量随高程的分布，由图可知，长江上游的气温普遍上升；降水在海拔3000m以上区域增加，低海拔区域则减少；径流仅在海拔4000m以上区域增加，在低海拔区域则减少。

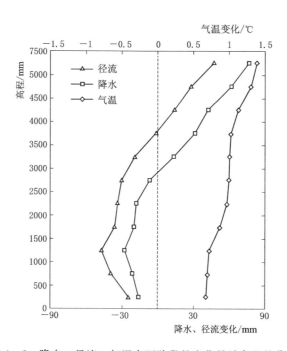

图4-6 降水、径流、气温在两阶段的变化量随高程的分布

4.2 冰冻圈水文变化特征及分析

随着气温增加，长江上游的冰川出现退化，冰储量逐渐减少（图4-7）。根据降雪比例与气温、相对湿度之间的经验关系分离雨雪，结果显示，1961—2019年长江上游的降雪量变化较小，呈现出0.02mm/a的微弱增加趋势。此外，气温升高使得多年冻土出现退化，具体表现为部分区域从多年冻土退化为季节性冻土（图4-8）。1961—2019年多年冻土区面积从12.5万km² 退化为11.1万km²，减少了11％（图4-9）。部分多年冻土区顶板以上出现土壤温度连续两年大于0℃的融化夹层（Talik）（Connon et al.，2018）。多年冻土的年内活动层最大厚度（ALT）以0.68cm/a的速度增加，季节性冻土的年最大冻结深度（MTSFG）以1.03cm/a的速度降低，见图4-10。

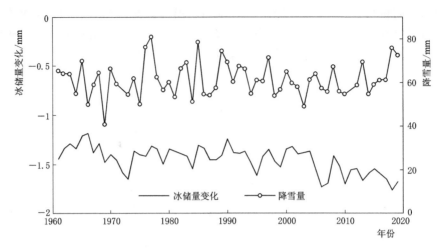

图 4 - 7　1961—2019 年长江上游冰储量及降雪量变化情况

图 4 - 8　1961—2019 年长江上游冻土分布变化情况（见文后彩插）

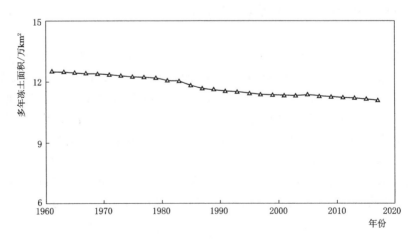

图 4 - 9　1961—2019 年长江上游多年冻土区面积变化情况

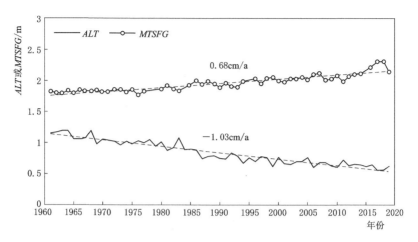

图 4-10 1961—2019 年长江上游多年冻土最大活动层厚度（ALT）和季节性冻土最大冻结深度（MTSFG）变化情况

4.3 冰冻圈变化对径流的影响

长江源区冰冻圈变化进而影响到了直门达水文站的径流量，其中冰川融化径流量折算为源区（即直门达水文站以上区域，面积为 137704km²）平均的年径流深为 2.5mm（径流量为 3.44 亿 m³），在 1961—2019 年间以 0.005mm/a 的速度增加；融雪径流的多年平均值为 4.6mm，以 0.001mm/a 速度略有增加，见图 4-11。冻土出现退化之后，更多的降雨或融水通过表层

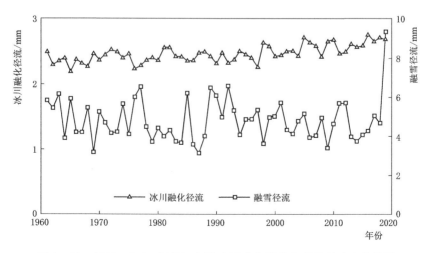

图 4-11 1961—2019 年长江上游冰川融化径流和融雪径流变化情况

土壤下渗到了土壤深层，导致地下水储量增加；同时由于气温升高导致蒸散发增强，土壤的液态水含量减少，见表4-2。在多年冻土区、季节性冻土区和多年冻土退化为季节性冻土的区域，虽然降水增加量非常接近，但是各区域的土壤液态水含量和地下水储水量变化有较大差异。相较于多年冻土区和季节性冻土区，在多年冻土退化为季节性冻土的区域地下水储量的增加更为明显（8.54mm/a），土壤液态水含量的减少也更为明显（−1.11mm/a），从卫星遥感观测发现该区域的植被 LAI 呈现减少趋势。此外，从1961—2000到2001—2019年，多年冻土退化为季节性冻土的区域的地下径流大幅增加，说明了多年冻土退化为季节性冻土之后地表水与地下水的交换增强（Walvoord et al.，2016）。

表4-2　　　　　　　　　冻土变化对水储量及径流变化的影响　　　　　　单位：mm/a

区　　域	地下水储量变化	土壤液态水变化	从1961—2000年到2001—2019年的变化		
			壤中流	地下径流	降水
多年冻土区	2.49	−0.96	26.70	4.85	76.48
直门达以上季节性冻土区	3.73	−0.14	11.49	11.95	65.65
多年冻土退化为季节性冻土区	8.54	−1.11	0.38	22.12	68.52
直门达以上长江源区	3.11	−0.85	22.54	7.16	74.30

在长江上游存在季节性冻土的其他子流域，包括金沙江（石鼓-屏山段）、雅砻江、岷江、嘉陵江部分区域，水文过程主要受降水影响，冻土对水文过程的影响不明显。

4.4　小结

本章基于分布式生态水文模型 GBEHM 对长江上游的模拟结果，分析了过去60年间长江上游历史径流变化特征。结果表明，过去60年间长江流域主要水文站点年径流呈下降趋势，2000年前后，宜昌水文站径流量下降了269.3亿 m³，气候变化、人工取用水、水库蓄水和人工植被恢复的贡献比例分别为45.2%、29.8%、19.6%和4.9%；在气温升高背景下，长江源区及上游山区冻土退化、冰雪消融，冰川融水径流、融雪径流有增加趋势，而冻土退化对水文过程的影响主要体现在地表水与地下水连通性增强、土壤水分相态变化、地下径流大幅增加等。

第 5 章
长江上游未来 50 年的气候变化

气候变化是人类的生存与发展面临的最重大的挑战之一，在气候变化背景下，全球温度普遍上升，全球降水变化呈现复杂的空间变异特征，而高温干旱、暴雨洪水等极端事件的发生频率呈现上升趋势，对社会经济发展和人民生命和财产安全构成严重威胁。贝尔蒙特论坛（Belmont Forum）指出"高山是全球变化的前哨（Mountains as Sentinels of Change）"，越来越多的证据表明，高海拔地区较全球平均水平具有更大的升温幅度，但高海拔地区观测数据不足、模拟手段有限，严重制约了科学合理地制定适应未来气候变化的可持续发展对策。本章将结合全球气候模式预测结果与实地观测数据，预估长江上游未来 50 年（2015—2064 年）的气候变化特征。

5.1　数据获取与处理

对全球气候模式（Global Climate Model，GCM）预测的关键气象要素（日降水、日气温、日辐射）数据进行空间降尺度需要用到两类数据：①8km 分辨率实测格点日降水、日气温（日均气温、日最高气温、日最低气温）、日辐射（日向下长波辐射、日向下短波辐射）数据；②GCM 预测的原始日降水、日气温、日辐射数据。

5.1.1　实测格点降雨数据

采用中国气象局提供的长江上游流域及其周边共 366 个气象站点的 1988—2014 年实测日降水数据（图 5-1），采用方向距离权重法（ADW），并进行降水-高程梯度修正（王宇涵，2019），将气象站点实测日降水数据插值到 8km 网格中。

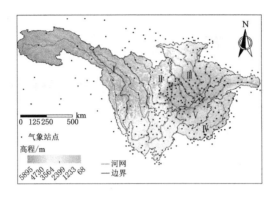

图 5-1 长江上游流域、子流域和气象站点分布（见文后彩插）
Ⅰ—金沙江流域；Ⅱ—岷沱江流域；Ⅲ—嘉陵江流域；Ⅳ—乌江流域；
Ⅴ—宜宾宜昌流域；符号含意下同。

5.1.2 实测格点气温数据

采用中国气象局提供的长江上游流域及其周边的共 366 个气象站点的 1988—2014 年实测日气温数据，采用方向距离权重法（ADW） （王宇涵，2019），并进行气温-高程梯度修正，将气象站点实测日气温数据插值到 8km 网格中。其中，366 个气象站点的 1988—2009 年每天 2 时、8 时、14 时、20 时（北京时间）每隔 6h 进行 1 次观测，366 个气象站点的 2010—2014 年每天 0～23 时（北京时）每隔 1h 进行 1 次观测。

中国气象部门统一规定（叶芝菡等，2002），日平均气温可由每天 2 时、8 时、14 时、20 时的实测值求平均得到。对于日最高、日最低气温，据统计研究（叶芝菡等，2002；姜会飞等，2010），气温日最低值一般出现在 2 时，气温日最高值出现在 14 时。因此，本书采用 2 时的气温观测值作为日最低气温，而把 14 时的气温观测值作为日最高气温。为与 1988—2009 年保持一致，2010—2014 年时段的日最高、日最低气温也根据每天 2 时、8 时、14 时、20 时测量的气温数据进行估算。

5.1.3 实测格点日辐射数据

对于日向下短波辐射数据，采用中国气象局提供的长江上游流域及其周边共 366 个气象站点的 1988—2014 年实测日照时数数据，根据联合国粮食及农业组织（Food and Agriculture Organization of the United Nations，FAO）提供的计算公式，采用站点实测日照时数计算站点日向下短波辐射，再采用方向距离权重法（ADW）（王宇涵，2019），将气象站点日向下短波辐射数据插值到 8km

网格中。

对于日向下长波辐射数据，采用中国气象局提供的长江上游流域及其周边的共 366 个气象站点的 1988—2014 年实测日均气温、日云量、日相对湿度数据，先采用方向距离权重法（ADW）（王宇涵，2019），将气象站点实测日均气温、日云量、日相对湿度数据插值到 8km 网格中，其中日均气温数据插值时进行气温-高程梯度修正，气温-高程梯度修正公式见式（5-1）：

$$Tem_{(m,n)} = [T_i + (-0.0060)(Ele_{(m,n)} - Ele_i)]W_i \qquad (5-1)$$

式中：$Tem_{(m,n)}$ 为被插值目标网格（m，n）的日均气温；T_i 为站点 i 的日均气温；$Ele_{(m,n)}$ 为被插值目标网格（m，n）的高程；W_i 为站点 i 对目标网格（m，n）的权重值。

再根据计算公式（5-2）将每个 8km 格点的日均气温、日云量、日相对湿度数据换算成日向下长波辐射数据：

$$R_L = \varepsilon_{cs} K_N(N) \sigma T_a^4 \qquad (5-2)$$

式中：R_L 为向下长波辐射量（W/m²）；ε_{cs} 为晴空发射率，无量纲；$K_N(N)$ 为与云量有关的参数，无量纲；σ 为 Stefan - Boltzmann 常数，值为 $5.6704\mathrm{e}^{-8}$ W/m²/K⁴；T_a 为气温（K）。

晴空发射率 ε_{cs} 的计算公式见式（5-3）：

$$\varepsilon_{cs} = \frac{59.38 + 113.7\left(\dfrac{T_a}{273.16}\right)^6 + 96.96\sqrt{\dfrac{4.65E_a}{25T_a}}}{\sigma T_a^4} \qquad (5-3)$$

式中：E_a 为大气蒸汽压（hPa），E_a 的计算公式见式（5-4）：

$$E_a = E \cdot RHU \qquad (5-4)$$

式中：RHU 为相对湿度（%）；E 为饱和蒸汽压（hPa），E 的计算公式见式（5-5）：

$$E = 6.112\mathrm{e}^{\left(\frac{17.67T_a}{T_a + 243.15}\right)} \qquad (5-5)$$

式中：T_a 为日均气温。

与云量有关的参数 $K_N(N)$ 的计算公式见式（5-6）：

$$K_N(N) = (1 - 0.84N) + 0.84\frac{N}{\varepsilon_{cs}} \qquad (5-6)$$

式中：N 为实测日云量，取值在 0～1 之间。

5.1.4 GCM 模式来源和选取

GCM 预测数据来自国际耦合模式比较计划（Coupled Model Intercomparison Project，CMIP）。CMIP 是由世界气候研究计划（WCRP）耦合模拟工作组（WGCM）于 1995 年发起，目前已经进行到第六阶段（CMIP6），现已被广泛用于未来气候变化分析研究。CMIP6 提供的数据包括历史模拟试验和不同子试验两个部分，其中，历史模拟试验是在基于观测的、随时间变化的各种外强迫驱动下进行的 1850—2014 年间的历史气候模拟；除了历史模拟试验之外，还设计了 23 个子试验（表 5 - 1），情景模式比较计划（ScenarioMIP）是其中之一，将共享社会经济情景（Shared Socioeconomic Pathways，SSPs）和典型浓度路径（Representative Concentration Pathways，RCPs）结合起来以生成不同的未来情景预估。

CMIP6 具有超过 100 个 GCM 的预测结果，考虑到计算量和精度等因素，本书根据相关研究（Li et al.，2021；Jiang et al.，2020；向竣文等，2021），在长江流域或中国地区对模式降水预测精度的评价结果中选用了 5 个模拟精度较好的气候模式预测结果作为输入，各气候模式的开发机构及模式的空间分辨率见表 5 - 2；根据相关研究（Jiang et al.，2020；向竣文等，2021；邢晨辉，2021），在长江流域或中国地区对模式气温预测精度的评价结果中选用了 5 个模拟精度较好的气候模式预测结果作为输入，各气候模式的开发机构及模式的空间分辨率见表 5 - 3，辐射选择的 5 个气候模式和气温相同。此外，本书选择的排放情景为 Historical、SSP1 - 2.6、SSP2 - 4.5 和 SSP5 - 8.5。

表 5 - 1　　　　　　　　CMIP6 子试验介绍（模式比较计划）

序号	模式比较计划
1	气溶胶和化学模式比较计划（AerChemMIP）
2	耦合气候碳循环比较计划（C4MIP）
3	二氧化碳移除模式比较计划（CDRMIP）
4	云反馈模式比较计划（CFMIP）
5	检测归因模式比较计划（DAMIP）
6	年代际气候预测计划（DCPP）
7	通量距平强迫模式比较计划（FAFMIP）
8	地球工程模式比较计划（GeoMIP）
9	全球季风模式比较计划（GMMIP）
10	高分辨率模式比较计划（HighResMIP）
11	冰盖模式比较计划（ISMIP6）
12	陆面、雪和土壤湿度模式比较计划（LS3MIP）
13	土地利用模式比较计划（LUMIP）
14	海洋模式比较计划（OMIP）
15	极地放大模式比较计划（PAMIP）

序号	模式比较计划
16	古气候模式比较计划（PMIP）
17	辐射强迫模式比较计划（RFMIP）
18	情景模式比较计划（ScenarioMIP）
19	火山强迫的气候响应模拟比较计划（VolMIP）
20	协同区域气候降尺度试验（CORDEX）
21	平流层和对流层系统的动力学和变率（DynVarMIP）
22	海冰模式比较计划（SIMIP）
23	脆弱性、影响和气候服务咨询（VIACS AB）

表 5 - 2 　　　　　　　　用于降水预测的 5 个气候模式

模 式	开 发 机 构	空间分辨率 （纬度×经度）	时间 分辨率
BCC - CSM2 - MR	中国国家气候中心	1.125°×1.125°	逐日
CanESM5	加拿大大气候建模与分析中心	2.8125°×2.8125°	逐日
IPSL - CM6A - LR	法国皮埃尔-西蒙·拉普拉斯研究所	1.25874°×2.5°	逐日
MPI - ESM1 - 2 - LR	德国马克斯普朗克气象研究所	1.875°×1.875°	逐日
MRI - ESM2 - 0	日本气象厅气象研究所	1.125°×1.125°	逐日

表 5 - 3 　　　　　　　用于气温和辐射预测的 5 个气候模式

模 式	开 发 机 构	空间分辨率 （纬度×经度）	时间 分辨率
BCC - CSM2 - MR	中国国家气候中心	1.125°×1.125°	逐日
GFDL - ESM4	美国地球物理流体动力学实验室	1°×1.25°	逐日
IPSL - CM6A - LR	法国皮埃尔-西蒙·拉普拉斯研究所	1.25874°×2.5°	逐日
MPI - ESM1 - 2 - LR	德国马克斯普朗克气象研究所	1.875°×1.875°	逐日
MRI - ESM2 - 0	日本气象厅气象研究所	1.125°×1.125°	逐日

5.2　空间降尺度方法

　　本书选用的模型输出估计方法为"误差校正与空间降尺度方法"（Bias Correction and Spatial Downscaling，BCSD）。BCSD 方法假设 GCM 模型模拟结果的误差不随气候变化而变化，对大尺度的 GCM 模型输出结果进行误差校正后，再将其空间降尺度至小尺度。BCSD 方法的流程见图 5 - 2，其步骤如下：

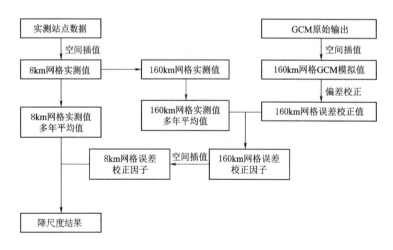

图 5－2　误差校正空间降尺度流程

（1）GCM 模式输出的空间分辨率通常在 $1.5°\sim3°$ 之间，这里将不同 GCM 模型输出结果插值至一个覆盖长江流域的 160km 空间分辨率的网格上，每个 160km 网格覆盖 400 个 8km 长江上游流域网格。由前述 8km 分辨率气候要素的实测值计算 160km 分辨率气候要素实测值。利用 160km 分辨率气候要素实测值，采用图 5－3 中的频率匹配法得到每个 160km 网格 GCM 模型输出的误差校正值。

（2）将每个 160km 网格 GCM 模型输出的校正值与该网格实测值的多年平均值相比较，得到校正因子 f，对于降水、辐射，f 为该网格校正值与实测值的多年平均值的比值；对于气温，f 为该网格校正值与实测值的多年平均值的差值。

（3）将 160km 网格尺度上的校正因子 f，采用双线性插值法插值至 8km 网格上，得到 8km 网格的校正因子。最后基于 8km 网格校正因子和 8km 网格实测值的多年平均值，得到 8km 长江上游流域网格的统计降尺度结果。设 8km 网格的校正因子为 f_8，8km 网格实测值的多年平均值为 X，该网格的统计降尺度结果为 D，对于降水、辐射，降尺度结果 $D=X\times f_8$；对于气温，降尺度结果 $D=X+f_8$。

考虑到长江上游流域气候的季节差异明显，本书中对每个月 GCM 输出结果分别进行误差校正空间降尺度。

对模型模拟结果的误差校正方法主要包括三类：①将未来气候情景下与现代气候条件下模拟值的差值累加到实测气候变量序列，得到未来气候情景下的气候要素（Delta Method）；②根据历史模拟的气候要素值与观测值的差异，对未来气候情景下的气候要素值进行同比例缩放（Unbiasing Method）；③根据实测的气候要素值的累积频率曲线来对模型模拟结果进行校正，使校正后得到的气候要素的累积频率曲线与实测值的累积频率曲线一致，这类方法又被称为频率匹配法（Quantile Mapping Method）。与前两类方法相比，频率匹配法能够更好地反映气候变化条件下气候要素值方差的变化，因而更适合应用于气候变化对径流影响的研究中。因此，本书采用频率匹配法对 GCM 气候模型模拟结果进行误差校正。

气候模式的输出结果均为网格数据，对大气模型输出的误差校正需要实测值的网格尺度数据。因此，本研究对长江上游流域及其周边 366 个气象站点实测数据，采用方向距离权重法，将日气象要素插值到 8km 网格中，从而得到 8km 空间分辨率的长江上游流域实测的日气象要素网格数据（图 5-2）。

由于长江上游流域气候具有明显的季节特征，因此本书对每个月的气候要素值分别计算累积频率曲线来进行误差校正，校正方法的原理见图 5-3。

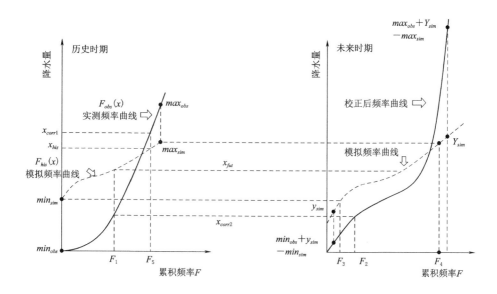

图 5-3　频率匹配法的原理

本研究共有历史时期 1988—2014 年的逐日模型模拟值和实测值，以及未来时期 2015—2064 年的逐日模型模拟值。长江上游流域气候分布具有明显的季节变异性，本研究分别对每个月份日尺度的气候要素进行误差校正。以降水为例，假设历史时期 3 月实测降水累积频率分布为 $F_{obs}(x)$，历史时期 3 月模型模拟降水累积频率分布为 $F_{his}(x)$，误差校正的步骤如下：

（1）对于历史时期，假设 1988 年 3 月 1 日某网格模型模拟的降水值为 x_{his}，

其校正值为与 x_{his} 所对应频率（F_5）的实测降水累积频率曲线上的值 x_{corr1}，即 $x_{corr1} = F_{obs}^{-1}(F_{his}(x_{his}))$。对于未来时期，假设 2025 年 3 月 1 日模拟结果为 x_{fut}，首先计算 x_{fut} 在 1988—2014 年模型模拟累积频率曲线 $F_{his}(x)$ 上对应的频率 F_1，然后用 1988—2014 年的实测降水累积频率曲线 $F_{obs}(x)$ 上该频率对应的实测降水 x_{corr2} 作为 x_{fut} 的校正值，$x_{corr2} = F_{obs}^{-1}(F_{his}(x_{fut}))$，即频率 F_2 所对应的未来时期校正后频率曲线上的降水值。

（2）模型模拟的未来时期降水的变化范围可能超过模拟的历史时期降水的范围，此条件下首先将未来时期模拟的降水相对于历史时期模拟降水的增量从序列中减掉，对剩余的序列进行误差校正后，再将校正后的序列与被减掉的增量相加，作为未来时段内模型模拟降水的误差校正结果。未来时期模拟的降水值可能大于历史时期模拟的最大值（频率分布范围在（F_4, 1] 所对应的未来时期模拟降水值），例如图 5.3 中的 Y_{sim}，校正后的值为 $max_{obs} + Y_{sim} - max_{sim}$；未来时期的降水量可能小于历史时期模拟的最小值（频率分布范围在 [0, F_3) 所对应的未来时期模拟降水值），例如图中的 y_{sim}，校正后的值为 $min_{obs} + y_{sim} - min_{sim}$，对于降水，若 $min_{obs} + y_{sim} - min_{sim} \leqslant 0$，则此时校正值为 0，对于辐射在此种情况下校正值也为 0，但对于气温，此种情况下校正值是 $min_{obs} + y_{sim} - min_{sim}$，即气温值校正之后可以小于 0。

5.3　降水的时空变化

5.3.1　降水的年际变化特征

图 5-4 中 SSP1-2.6、SSP2-4.5 和 SSP5-8.5 情景下，以及 2015—2064 年年降水量均呈增加趋势，其中 SSP1-2.6 情景下增加趋势最大，达到 2.57mm/a。结合表 5-4，近期（2015—2039 年）SSP1-2.6 和 SSP5-8.5 情景下降水量将减少，而 SSP2-4.5 情景下降水量将增加；远期（2040—2064 年）三种情景下降水量均增加，且 SSP1-2.6 情景下降水量最大，达到 877mm，相对于历史时期增加 77.3mm，表明远期长江上游流域将会有更大的降水量。

图 5-5（a）～（c）中，SSP1-2.6、SSP2-4.5 和 SSP5-8.5 情景下，长江上游流域 2015—2064 年间年降水量从金沙江流域源区向东南部地区逐渐增加，金沙江流域源区的年降水量相对更小 [图 5-5（a）～（c）红色区域]，岷沱江流域部分地区、嘉陵江流域东南部、宜宾宜昌流域和乌江流域部分地区年降水量相对更大 [图 5-5（a）～（c）深蓝色区域]。

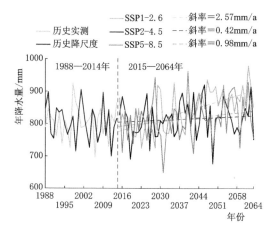

图 5-4　历史（1988—2014 年）及未来（2015—2064 年）
三种情景下年降水年际变化过程（见文后彩插）

表 5-4　　　　　　　　未来不同时段三种情景下年降水变化　　　　　单位：mm

时　　段	1988—2014 年	2015—2064 年		2015—2039 年		2040—2064 年	
	MAP	*MAP*	*Ac*	*MAP*	*Ac*	*MAP*	*Ac*
历史时期	805.7	—	—	—	—	—	—
SSP1-2.6	—	839.8	34.1	802.6	-3.1	877	71.3
SSP2-4.5	—	814.7	9	808.6	2.9	820.8	15.1
SSP5-8.5	—	815.8	10.1	798.4	-7.3	833.1	27.4

注　*MAP* 为不同时段年降水量面平均值，*Ac* 为年降水量绝对变化值，"—"表示没有数据。

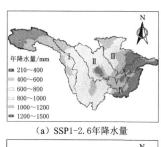

（a）SSP1-2.6年降水量

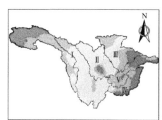

（b）SSP2-4.5年降水量　　　　　　　　（c）SSP5-8.5年降水量

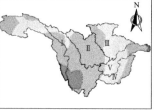

（d）SSP1-2.6年降水量相对变化

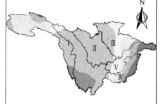

（e）SSP2-4.5年降水量相对变化　　　　（f）SSP5-8.5年降水量相对变化

图 5-5　2015—2064 年间三种情景下年降水量及其相对变化空间分布（见文后彩插）

图 5 - 5（d）～（f）中，SSP1 - 2.6 情景下金沙江流域部分地区年降水量将减少［图 5 - 5（d）橙色区域］，其他地区年降水量将增加；SSP2 - 4.5 和 SSP5 - 8.5 情景下金沙江流域源区、岷沱江流域局部地区、嘉陵江流域部分地区、宜宾宜昌流域和乌江流域大部分地区年降水量将增加，其他地区年降水量将减少，且金沙江流域部分地区年降水量减少更多［图 5 - 5（e）～（f）红色区域］，表明这些地区未来可能会面临干旱发生的风险。

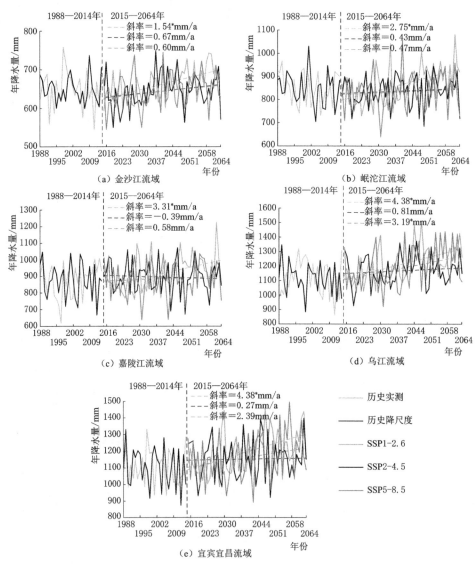

图 5 - 6　五个干支流区间历史（1988—2014 年）及未来（2015—2064 年）
三种情景下年降水年际变化过程（见文后彩插）

注 "*"代表趋势显著变化，显著性水平为 $p < 0.05$。

图 5-6 中，SSP1-2.6、SSP2-4.5 和 SSP5-8.5 情景下，2015—2064 年五个干支流区间年降水量普遍呈增加趋势（不包括嘉陵江流域 SSP2-4.5 情景下的年降水变化趋势，为-0.39mm/a）。SSP1-2.6 情景下，五个干支流区间年降水量均显著性增加，其中乌江流域和宜宾宜昌流域年降水量增加趋势最大，均为 4.38mm/a。结合图 5-5（a），SSP1-2.6 情景下乌江流域和宜宾宜昌流域的年降水量相对更大，表明这两个子流域未来在可持续发展和更低的辐射强迫组合情景下降水量将更加充沛。

图 5-7 分别为不同时段五个干支流区间的年平均降水量相对变化，在整个未来时期（2015—2064 年），SSP1-2.6、SSP2-4.5 和 SSP5-8.5 情景下嘉陵江流域、乌江流域、宜宾宜昌流域年降水量均增加，且乌江流域、宜宾宜昌流域年降水量增加幅度更大，金沙江流域和岷沱江流域年降水量在 SSP1-2.6 情景下将增加，而在 SSP2-4.5 和 SSP5-8.5 情景下年降水量将减少，但变化幅度较小。在近期（2015—2039 年），只有乌江流域、宜宾宜昌流域在三种情景下年降水量均增加，而金沙江流域和岷沱江流域在三种情景下年降水量均减少，嘉陵江流域在 SSP2-4.5 和 SSP5-8.5 情景下年降水量将增加，在 SSP1-2.6 情景下年降水量将减少。在远期（2040—2064 年），除岷沱江流域之外的其他四个子流域在三种情景下年降水量均增加，且乌江流域、宜宾宜昌流域年降水量增加幅度更大，尤其在 SSP1-2.6 情景下；而岷沱江流域只有在 SSP1-2.6 情景下年降水量将增加，SSP2-4.5 和 SSP5-8.5 情景下年降水量略微减少。

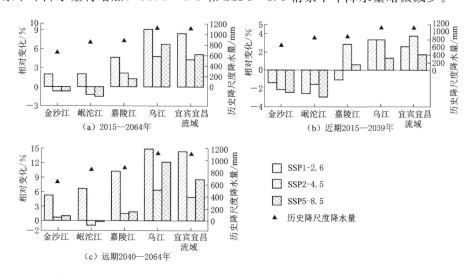

图 5-7 五个干支流区间未来不同时段三种情景下年降水量相对变化

综上，未来时期长江上游流域的年降水量分布和年降水量相对变化分布具有较大的空间异质性，且年降水量及年降水量相对变化会随着时间推移而变化，具有明显的时间变异性。

5.3.2　降水的季节变化特征

图 5 - 8（a）～（c）为春季（3—5 月）降水量空间分布，降水量从金沙江流域源区向东南部地区普遍增加。金沙江流域的降水量普遍更小，尤其在金沙江流域部分地区［图 5 - 8（a）～（c）红色区域］，乌江流域和宜宾宜昌流域的降水量普遍更大［图 5 - 8（a）～（c）深蓝色区域］。图 5 - 8（d）～（f）为夏季（6—8 月）降水量空间分布，金沙江流域源区和嘉陵江流域西北部地区降水量更小［图 5 - 8（d）～（f）红色区域］，而岷沱江流域局部地区、乌江流域局部地区降水量更大［图 5 - 8（d）～（f）深蓝色区域］。图 5 - 8（g）～（i）为秋季（9—11 月）降水量空间分布，降水量从金沙江流域源区向东南部地区普遍增加，金沙江流域源区的降水量普遍更小，嘉陵江流域东南部、乌江流域和宜宾宜昌流域局部地区降水量更大［图 5 - 8（g）～（i）深蓝色区域］。图 5 - 8（j）～（l）为冬

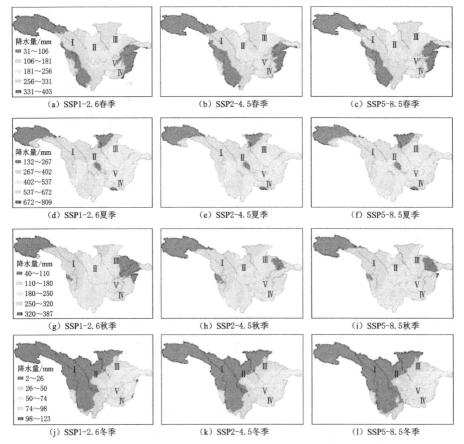

图 5 - 8　2015—2064 年三种情景下季节降水量空间分布（见文后彩插）

季（12月至次年1月）降水量空间分布，降水量从金沙江流域源区向东南部地区普遍增加，金沙江流域大部分地区、岷沱江流域和嘉陵江流域部分地区降水量更小［图5-8（j）～（l）红色区域］。

综上，2015—2064年长江上游流域四季的降水量分布具有空间异质性，且降水量从金沙江流域源区向东南部地区普遍增加。同一情景下的夏季降水量普遍更大，冬季降水量普遍更小，春季和秋季降水量较为接近。

图5-9（a）～（c）为春季降水量相对变化空间分布，SSP1-2.6、SSP2-4.5和SSP5-8.5情景下，金沙江流域和乌江流域局部地区降水量相对变化将减少（图5-9（a）～（c）橙色和红色区域），其他地区降水量相对变化将增加，其中金沙江流域、岷沱江流域部分地区、嘉陵江流域和宜宾宜昌流域局部地区降水量相对变化增加更多［图5-9（a）～（c）蓝色和深蓝色区域］。图5-9（d）～（f）为夏季降水量相对变化空间分布，SSP1-2.6、SSP2-4.5和SSP5-

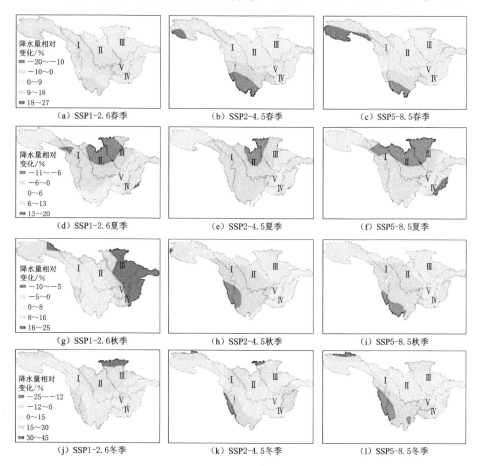

图5-9　2015—2064年三种情景下季节降水量相对变化空间分布（见文后彩插）

8.5 情景下，金沙江流域局部地区、岷沱江流域部分地区、嘉陵江流域西北部地区夏季降水量减少更多［图 5 - 9 (d)～(f) 红色区域］，但乌江流域和宜宾宜昌流域局部地区降水量增加更多［图 5 - 9 (d)～(f) 蓝色、深蓝色区域］。图 5 - 9 (g)～(i) 为秋季降水量相对变化空间分布，SSP1 - 2.6 情景下金沙江流域局部地区、嘉陵江流域大部分地区、乌江流域和宜宾宜昌流域部分地区降水量增加更多［图 5 - 9 (g) 深蓝色区域］，SSP2 - 4.5 和 SSP5 - 8.5 情景下秋季降水量相对变化空间分布特征相似，金沙江流域局部地区降水量减少更多［图 5 - 9 (h)、(i) 红色区域］。图 5 - 9 (j)～(l) 为冬季降水量相对变化空间分布，SSP1 - 2.6 和 SSP2 - 4.5 情景下金沙江流域和岷沱江流域局部地区、嘉陵江流域部分地区降水量增加更多［图 5 - 9 (j)、(k) 蓝色和深蓝色区域］，SSP5 - 8.5 情景下金沙江流域部分地区降水量减少更多［图 5 - 9 (l) 红色区域］，而在金沙江流域源区局部地区降水量增加更多［图 5 - 9 (l) 深蓝色区域］。

综上，未来长江上游流域 2015—2064 年四季的降水量相对变化分布具有空间异质性，同一季节 SSP1 - 2.6、SSP2 - 4.5 和 SSP5 - 8.5 情景下的降水量变化空间分布特征差别较大。三种情景下，春季降水量在金沙江流域普遍增加更多，夏季降水量在乌江流域和宜宾宜昌流域局部地区增加更多，秋季降水量变化与情景有关，冬季降水量在金沙江流域源区、嘉陵江流域增加更多。

5.3.3　极端降水的变化特征

本研究采用三个指标分析极端降水的变化特征。①R10mm：强降水日数，即一年中日降水量大于等于 10mm 的天数，单位为 d；②R95p：极端降水量，即一年中日降水量大于 95 分位数日降水量阈值的降水量总和，单位为 mm；③Rx1day：年内一日最大降水量，单位为 mm。

图 5 - 10 (a)～(c) 中，SSP1 - 2.6、SSP2 - 4.5 和 SSP5 - 8.5 情景下，R10mm 的空间分布特征相似，乌江流域、宜宾宜昌流域和嘉陵江流域东南部地区的 R10mm 较大［图 5 - 10 (a)～(c) 深蓝色区域］。图 5 - 10 (d)～(f) 中，三种情景下 R95p 的空间分布特征相似，R95p 从金沙江流域源区到东南部地区普遍增加，岷沱江流域局部地区、乌江流域局部地区、宜宾宜昌流域局部地区、嘉陵江流域东南部地区 R95p 相对较大［图 5 - 10 (d)～(f) 深蓝色区域］。图 5 - 10 (g)～(i) 中，三种情景下 Rx1day 空间分布特征相似，Rx1day 从金沙江流域源区到东南部地区普遍增加，岷沱江流域局部地区、乌江流域局部地区、宜宾宜昌流域局部地区、嘉陵江流域东南部地区的 Rx1day 相对较大［图 5 - 10 (g)～(i) 深蓝色区域］。

图 5 - 11 (a)～(c) 中，SSP1 - 2.6、SSP2 - 4.5 和 SSP5 - 8.5 情景下，局部地区 R10mm 将减少［图 5 - 11 (a)～(c) 红色区域］，其他地区 R10mm 将增

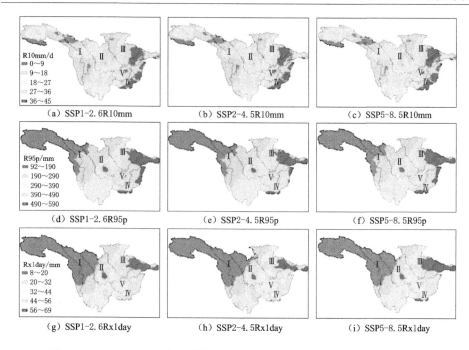

（a）SSP1-2.6R10mm　　　　（b）SSP2-4.5R10mm　　　　（c）SSP5-8.5R10mm

（d）SSP1-2.6R95p　　　　（e）SSP2-4.5R95p　　　　（f）SSP5-8.5R95p

（g）SSP1-2.6Rx1day　　　　（h）SSP2-4.5Rx1day　　　　（i）SSP5-8.5Rx1day

图 5-10　2015—2064 年三种情景下极端降水指标空间分布（见文后彩插）

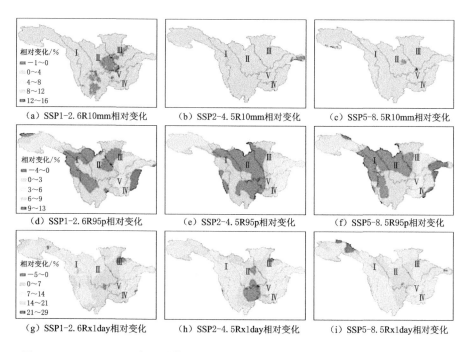

（a）SSP1-2.6R10mm相对变化　　（b）SSP2-4.5R10mm相对变化　　（c）SSP5-8.5R10mm相对变化

（d）SSP1-2.6R95p相对变化　　（e）SSP2-4.5R95p相对变化　　（f）SSP5-8.5R95p相对变化

（g）SSP1-2.6Rx1day相对变化　　（h）SSP2-4.5Rx1day相对变化　　（i）SSP5-8.5Rx1day相对变化

图 5-11　2015—2064 年三种情景下极端降水指标相对变化空间分布（见文后彩插）

加。图 5-11（d）～（f）中，三种情景下 R95p 的相对变化分布具有空间异质性，金沙江流域源区局部地区、乌江流域和宜宾宜昌流域部分地区 R95p 增加更多 [图 5-11（d）～（f）深蓝色区域]。图 5-11（g）～（i）中，三种情景下 Rx1day 的相对变化分布具有空间异质性，局部地区 Rx1day 将减少 [图 5-11（g）～（i）红色区域]，其他地区 Rx1day 将增加。

5.4　气温的时空变化

5.4.1　日均气温的变化特征

图 5-12 中，三种情景下 2015—2064 年流域年均日均气温均显著性上升，SSP5-8.5 情景下上升趋势最大，达到 0.052℃/a。结合表 5-5，相对于 1988—2014 年流域年均日均气温，三种情景下 2015—2064 年流域年均日均气温均会升高，SSP5-8.5 情景下气温升高更多，为 1.50℃。近期（2015—2039 年）SSP2-4.5 情景下流域年均日均气温升高较少，为 0.78℃；远期（2040—2064 年）SSP5-8.5 情景下流域年均日均气温值最大，达到 9.50℃，相对于历史时期升高 2.15℃。表明远期在化石燃料路径发展和高辐射强迫组合情景下，日均气温上升更明显。

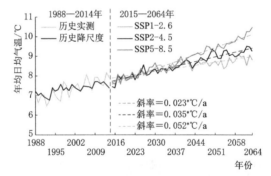

图 5-12　历史（1988—2014 年）及未来（2015—2064 年）
三种情景下年均日均气温年际变化过程（见文后彩插）

注　"*"代表趋势显著变化，显著性水平为 $p < 0.05$。

图 5-13 中，整个未来时期（2015—2064 年）、近期（2015—2039 年）和远期（2040—2064 年）三种情景下所有地区年均日均气温相比历史阶段均会升高。整个未来时期、近期和远期，SSP5-8.5 情景下流域年均日均气温变化值普遍更大。同一情景下，整个未来时期和近期的流域年均日均气温变化值普遍小于远期的变化值，且近期的流域日均气温变化值普遍小于整个未来时期的变化值。不同时段三种情景下流域年均日均气温变化值普遍从金沙江流域源区向东南部地区增大。

时段	1988—2014 年	2015—2064 年		2015—2039 年		2040—2064 年	
	$\overline{hisT_{mean}}$	$\overline{T_{mean}}$	$\Delta\overline{T_{mean}}$	$\overline{T_{mean}}$	$\Delta\overline{T_{mean}}$	$\overline{T_{mean}}$	$\Delta\overline{T_{mean}}$
历史时期	7.35	—	—	—	—	—	—
SSP1-2.6	—	8.44	1.09	8.18	0.83	8.71	1.36
SSP2-4.5	—	8.57	1.22	8.13	0.78	9.01	1.66
SSP5-8.5	—	8.85	1.50	8.20	0.85	9.50	2.15

表 5-5　　　　　　未来不同时段三种情景下年均日均气温变化　　　　　单位:℃

注　$\overline{hisT_{mean}}$ 为历史时期流域年均日均气温；$\overline{T_{mean}}$ 为未来各个时间段流域年均日均气温；$\Delta\overline{T_{mean}}$ 为未来各个时间段流域年均日均气温变化值（相对于历史时期流域年均日均气温 $\overline{hisT_{mean}}$）。

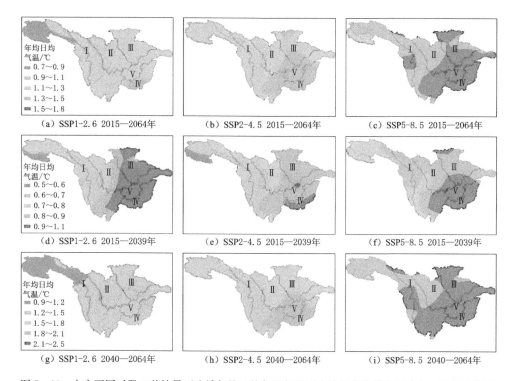

图 5-13　未来不同时段三种情景下流域年均日均气温相比历史阶段变化值空间分布（见文后彩插）

图 5-14 中，五个干支流区间三种情景下 2015—2064 年年均日均气温均显著性上升。同一情景下乌江流域年均日均气温上升趋势最大，SSP1-2.6、SSP2-4.5 和 SSP5-8.5 情景下年均日均气温变化趋势分别为 0.025℃/a、0.038℃/a、0.056℃/a。

图 5-15 中，三种情景下高原区、高山区、其他地区的年均日均气温随高程升高而降低。对于相同的分区，同一高程 SSP5-8.5 情景下的年均日均气温更

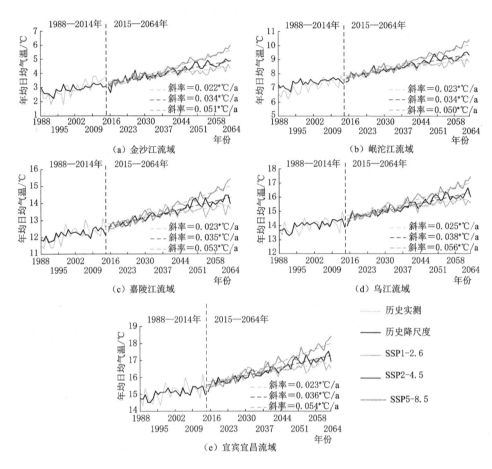

图 5-14　五个干支流区间历史（1988—2014 年）及未来（2015—2064 年）
三种情景下年均日均气温年际变化过程（见文后彩插）

注　"*"代表趋势显著变化，显著性水平为 $p<0.05$。

高，而 SSP1-2.6 和 SSP2-4.5 情景下的年均日均气温较为接近。

图 5-16 中，2015—2064 年四季日均气温相对于历史时期均会升高。同一季节，SSP5-8.5 情景下的日均气温变化值普遍大于 SSP1-2.6 和 SSP2-4.5 情景下的变化值。同一情景下的夏季日均气温变化值普遍更大，尤其在 SSP5-8.5 情景下，夏季日均气温变化值最大约为 2.7℃ ［图 5-16（f）红色区域］。春季、夏季、秋季三种情景下日均气温变化值从金沙江流域源区向东南部地区普遍增大，冬季 SSP1-2.6 情景下日均气温变化值普遍在 0.8～1℃ 之间，SSP2-4.5 和 SSP5-8.5 情景下冬季日均气温变化值从金沙江流域源区向东南部地区普遍减少。

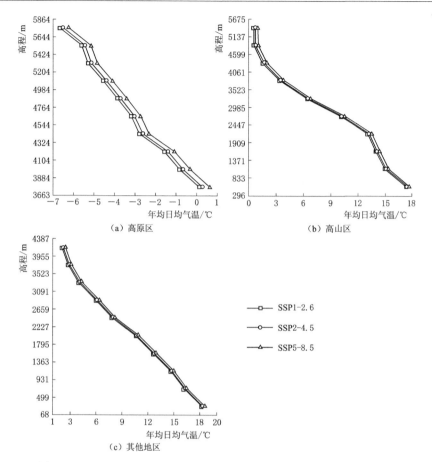

（a）高原区　　　　　　　　　　　　　（b）高山区

SSP1-2.6
SSP2-4.5
SSP5-8.5

（c）其他地区

图 5-15　2015—2064 年三种情景下三个分区年均日均气温-高程关系

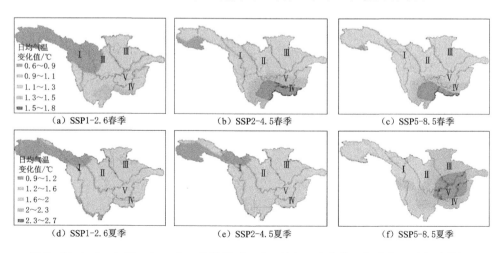

（a）SSP1-2.6春季　　　　（b）SSP2-4.5春季　　　　（c）SSP5-8.5春季

（d）SSP1-2.6夏季　　　　（e）SSP2-4.5夏季　　　　（f）SSP5-8.5夏季

图 5-16（一）　2015—2064 年三种情景下四季日均气温变化值空间分布（见文后彩插）

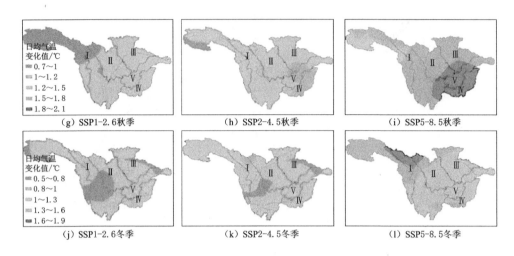

图 5 - 16（二）　2015—2064 年三种情景下四季日均气温变化值空间分布（见文后彩插）

5.4.2　日最高气温的变化特征

图 5 - 17 中，三种情景下 2015—2064 年流域年均日最高气温均显著性上升，SSP5 - 8.5 情景下年均日最高气温上升趋势最大，达到 0.056℃/a。结合表 5 - 6，相对于历史时期 1988—2014 年流域年均日最高气温，三种情景下 2015—2064 年流域年均日最高气温均会升高，SSP5 - 8.5 情景下气温升高更多，达到 1.66℃。近期（2015—2039 年）和远期（2040—2064 年）流域年均日最高气温分别在 SSP1 - 2.6 情景、SSP5 - 8.5 情景下升高更多，分别达到 0.97℃、2.37℃。

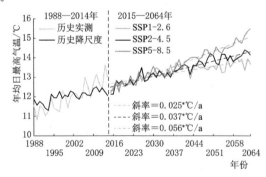

图 5 - 17　历史（1988—2014 年）及未来（2015—2064 年）
三种情景下流域年均日最高气温年际变化过程（见文后彩插）
注　"＊"代表趋势显著变化，显著性水平为 $p < 0.05$。

表 5 - 6　　　　　未来不同时段三种情景下流域年均日最高气温变化　　　　单位:℃

时 段	1988—2014 年	2015—2064 年		2015—2039 年		2040—2064 年	
	$\overline{hisT_{max}}$	$\overline{T_{max}}$	$\Delta\overline{T_{max}}$	$\overline{T_{max}}$	$\Delta\overline{T_{max}}$	$\overline{T_{max}}$	$\Delta\overline{T_{max}}$
历史时期	12.03	—	—	—	—	—	—
SSP1 - 2.6	—	13.29	1.26	13.00	0.97	13.57	1.55
SSP2 - 4.5	—	13.40	1.37	12.93	0.90	13.87	1.84
SSP5 - 8.5	—	13.69	1.66	12.98	0.96	14.39	2.37

注　$\overline{hisT_{max}}$ 为历史时期流域年均日最高气温;$\overline{T_{max}}$ 为未来各个时间段流域年均日最高气温;$\Delta\overline{T_{max}}$
　　为未来各个时间段流域年均日最高气温变化值(相对于历史时期流域年均日最高气温 $\overline{hisT_{max}}$)。

5.4.3　极端高温的变化特征

本研究选择两个极端日最高气温指标 TXx、SU 来分析极端日最高气温变化特征。TXx、SU 的具体定义见表 5 - 7。

表 5 - 7　　　　　　　　　　极端日最高气温指标定义

指标名称	名称描述	定 义	单位
TXx	年最高日最高气温值	一年中最高的日最高气温值	℃
SU	年夏季天数	一年中日最高气温值大于 25℃ 的天数	d

图 5 - 18 (a)～(c) 中,三种情景下 2015—2064 年 TXx 从金沙江流域源区到东南部地区普遍增加,岷沱江流域东南部、嘉陵江流域西南部、乌江流域和

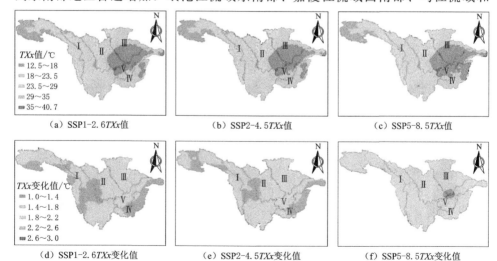

(a) SSP1-2.6TXx值　　　　(b) SSP2-4.5TXx值　　　　(c) SSP5-8.5TXx值

(d) SSP1-2.6TXx变化值　　(e) SSP2-4.5TXx变化值　　(f) SSP5-8.5TXx变化值

图 5 - 18　2015—2064 年间三种情景下 TXx 值及 TXx 变化值空间分布(见文后彩插)

宜宾宜昌流域部分地区 TXx 达到 35～40.7℃［图 5 - 18（a）～（c）红色区域］。图 5 - 18（d）～（f）中，三种情景下 2015—2064 年 TXx 变化值分布具有较大空间异质性，SSP5 - 8.5 情景下 2015—2064 年 TXx 变化值普遍大于 SSP1 - 2.6 和 SSP2 - 4.5 情景下的变化值；相比历史时期（1988—2014 年），SSP5 - 8.5 情景下 2015—2064 年 TXx 普遍升高 1.8～2.2℃，但岷沱江流域、嘉陵江流域、宜宾宜昌流域交接处气温升高 2.6～3.0℃［图 5 - 18（f）红色区域］；SSP1 - 2.6 和 SSP2 - 4.5 情景下 2015—2064 年 TXx 普遍升高 1.4～1.8℃［图 5 - 18（d）、（e）绿色区域］。

图 5 - 19（a）～（c）中，三种情景下 2015—2064 年 SU 从金沙江流域源区到东南部地区普遍增加，即从金沙江流域源区到东南部地区未来极端日最高气温天数（年夏季天数）普遍增加，金沙江流域、岷沱江流域、嘉陵江流域、宜宾宜昌流域局部地区 2015—2064 年 SU 达到 151～196d［图 5 - 19（a）～（c）红色区域］。图 5 - 19（d）～（f）中，三种情景下 2015—2064 年 SU 变化值分布具有空间异质性。相比于历史时期（1988—2014 年），三种情景下金沙江流域源区、岷沱江流域局部地区 2015—2064 年 SU 变化值等于 0［图 5 - 19（d）～（f）蓝色区域］，其他地区 SU 变化值大于 0，其中 SSP1 - 2.6 和 SSP2 - 4.5 情景下大部分地区极端日最高气温天数增加 16～30d，部分地区增加 1～15d，小部分地区增加 31～59d；而 SSP5 - 8.5 情景下，部分地区极端日最高气温天数增加 1～15d，部分地区增加 16～30d、31～59d。

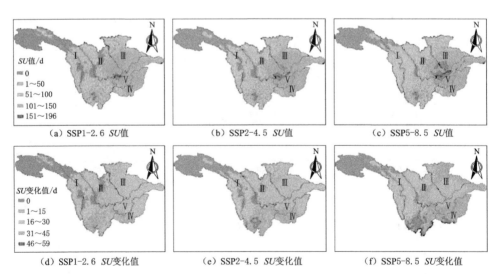

(a) SSP1-2.6 SU 值　　　　(b) SSP2-4.5 SU 值　　　　(c) SSP5-8.5 SU 值

(d) SSP1-2.6 SU 变化值　　(e) SSP2-4.5 SU 变化值　　(f) SSP5-8.5 SU 变化值

图 5 - 19　2015—2064 年间三种情景下极端日最高气温指标 SU 值及 SU 变化值空间分布

（见文后彩插）

5.4.4 日最低气温的变化特征

图 5-20 中，三种情景下 2015—2064 年流域年均日最低气温均显著性上升，SSP5-8.5 情景下年均日最低气温上升趋势最大，达到 0.051℃/a。结合表 5-8，相对于 1988—2014 年流域年均日最低气温，三种情景下 2015—2064 年流域年均日最低气温均会升高，SSP5-8.5 情景下气温升高更多，达到 1.45℃。近期（2015—2039 年）和远期（2040—2064 年）SSP5-8.5 情景下流域年均日最低气温升高更多，分别达到 0.80℃、2.09℃。

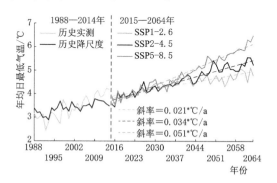

图 5-20 历史（1988—2014 年）及未来（2015—2064 年）
三种情景下流域年均日最低气温年际变化过程（见文后彩插）
注 "*"代表趋势显著变化，显著性水平为 $p < 0.05$。

表 5-8 未来不同时段三种情景下年均日最低气温变化 单位:℃

时段	1988—2014 年	2015—2064 年		2015—2039 年		2040—2064 年	
	$\overline{hisT_{min}}$	$\overline{T_{min}}$	$\Delta\overline{T_{min}}$	$\overline{T_{min}}$	$\Delta\overline{T_{min}}$	$\overline{T_{min}}$	$\Delta\overline{T_{min}}$
历史时期	3.41	—	—	—	—	—	—
SSP1-2.6	—	4.43	1.02	4.18	0.77	4.68	1.27
SSP2-4.5	—	4.58	1.17	4.14	0.73	5.02	1.60
SSP5-8.5	—	4.86	1.45	4.22	0.80	5.50	2.09

注 $\overline{hisT_{min}}$ 为历史时期流域年均日最低气温；$\overline{T_{min}}$ 为未来各个时间段流域年均日最低气温；$\Delta\overline{T_{min}}$ 为未来各个时间段流域年均日最低气温变化值（相对于历史时期流域年均日最低气温 $\overline{hisT_{min}}$）。

5.4.5 极端低温的变化特征

本研究选择两个极端日最低气温指标 TNn、FD 来分析极端日最低气温变化特征。TNn、FD 的具体定义见表 5-9。

表 5 - 9

极端日最低气温指标定义

指标名称	名称描述	定　　义	单位
TNn	年最低日最低气温值	一年中最低的日最低气温值	℃
FD	年霜冻天数	一年中日最低气温值小于 0℃ 的天数	d

图 5 - 21（a）～（c）中，三种情景下 2015—2064 年 TNn 从金沙江流域源区到东南部地区普遍增加，岷沱江流域东南部、嘉陵江流域西南部、金沙江流域、乌江流域和宜宾宜昌流域部分地区 2015—2064 年 TNn 达到 0～3.9℃［图 5 - 21（a）～（c）红色区域］。图 5 - 21（d）～（f）中，三种情景下 2015—2064 年 TNn 变化值分布具有空间异质性，三种情景下 2015—2064 年变化值从金沙江流域源区到东南部地区普遍减少。SSP5 - 8.5 情景下所有地区 TNn 变化值大于 0℃，表明 SSP5 - 8.5 情景下整个流域内 2015—2064 年 TNn 均会升高，TNn 相比历史阶段最多升高 1.6～2.2℃［图 5 - 21（f）红色区域］；而 SSP1 - 2.6 和 SSP2 - 4.5 情景下金沙江流域、乌江流域、宜宾宜昌流域局部地区 TNn 变化值小于 0℃［图 5 - 21（d）、（e）蓝色区域］，TNn 相比历史阶段最多升高 1.6～2.2℃［图 5 - 21（e）红色区域］。

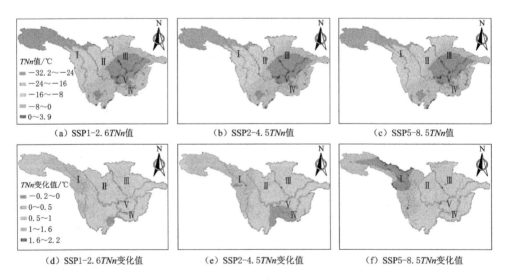

图 5 - 21　2015—2064 年间三种情景下极端日最低气温指标
TNn 值及 TNn 变化值空间分布（见文后彩插）

图 5 - 22（a）～（c）中，三种情景下 2015—2064 年 FD 从金沙江流域源区到东南部地区普遍减少，即从金沙江流域源区到东南部地区未来极端日最低气温天数（年霜冻天数）将普遍减少，金沙江流域局部地区 2015—2064 年 FD 达

到 271～350d［图 5-22（a）～（c）红色区域］。图 5-22（d）～（f）中，三种情景下 2015—2064 年 FD 变化值分布具有空间异质性，SSP5-8.5 情景下金沙江流域局部地区 FD 将减少 24～32d［图 5-22（f）蓝色区域］。相比于历史时期（1988—2014 年），三种情景下 2015—2064 年 FD 变化值在金沙江流域、岷沱江流域、嘉陵江流域、宜宾宜昌流域局部地区等于 0［图 5-22（d）～（f）红色区域］，其他地区 FD 变化值小于 0，其中 SSP1-2.6 和 SSP2-4.5 情景下大部分地区极端日最低气温天数减少 8～15d，小部分地区减少 1～7d、16～23d；而 SSP5-8.5 情景下，部分地区极端日最低气温天数减少 1～7d、8～15d、16～23d，小部分地区减少 24～32d。

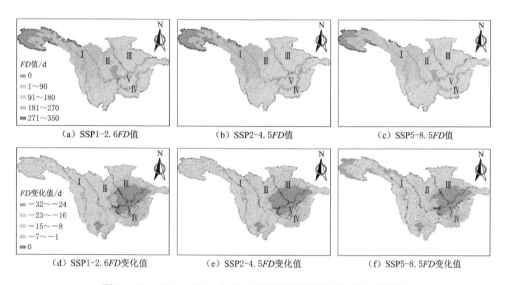

（a）SSP1-2.6 FD 值　　　　（b）SSP2-4.5 FD 值　　　　（c）SSP5-8.5 FD 值

（d）SSP1-2.6 FD 变化值　　（e）SSP2-4.5 FD 变化值　　（f）SSP5-8.5 FD 变化值

图 5-22　2015—2064 年间三种情景下极端日最低气温指标
FD 值及 FD 变化值空间分布（见文后彩插）

5.5　辐射的时空变化

5.5.1　日向下长波辐射的变化特征

图 5-23 中，三种情景下 2015—2064 年流域年均日向下长波辐射量均显著性增加，且 SSP5-8.5 情景下流域年均日向下长波辐射量增加趋势最大，达到 $0.252W/m^2/a$。结合表 5-10，SSP5-8.5 情景下 2015—2064 年流域年均日向下长波辐射量最大，为 $273.29W/m^2$，相对于历史时期增加 $6.81W/m^2$。三种情景下远期（2040—2064 年）流域年均日向下长波辐射量高于近期（2015—2039

年）和整个未来时期（2015—2064 年）的辐射量。SSP5 - 8.5 情景下 2040—
2064 年流域年均日向下长波辐射量最大，为 276.48W/m²，相对于历史时期增
加 10.00W/m²。

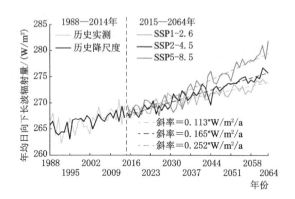

图 5 - 23　历史（1988—2014 年）及未来（2015—2064 年）三种情景下
流域年均日向下长波辐射量年际变化过程（见文后彩插）
注　"＊"代表趋势显著变化，显著性水平为 $p<0.05$。

表 5 - 10　　未来不同时段三种情景下年均日向下长波辐射量变化情况　　单位：W/m²

时段	1988—2014 年	2015—2064 年		2015—2039 年		2040—2064 年	
	$\overline{hisT_{rlds}}$	$\overline{T_{rlds}}$	$\Delta\overline{T_{rlds}}$	$\overline{T_{rlds}}$	$\Delta\overline{T_{rlds}}$	$\overline{T_{rlds}}$	$\Delta\overline{T_{rlds}}$
历史时期	266.48	—	—	—	—	—	—
SSP1 - 2.6	—	271.14	4.67	269.77	3.29	272.52	6.04
SSP2 - 4.5	—	271.71	5.23	269.68	3.21	273.74	7.26
SSP5 - 8.5	—	273.29	6.81	270.09	3.62	276.48	10.00

注　$\overline{hisT_{rlds}}$ 为历史时期流域年均日向下长波辐射量；$\overline{T_{rlds}}$ 为未来各个时间段流域年均日向下长波辐
射量；$\Delta\overline{T_{rlds}}$ 为未来各个时间段流域年均日向下长波辐射变化值（相对于历史时期流域年均日向
下长波辐射量 $\overline{hisT_{rlds}}$）。

图 5 - 24（a）～（l）中，2015—2064 年四季日向下长波辐射量相对于历史时
期（1988—2014 年）均会增加。同一季节，SSP5 - 8.5 情景下的日向下长波辐
射变化值普遍更大。同一情景下夏季的日向下长波辐射变化值普遍更大，
SSP5 - 8.5 情景下夏季日向下长波辐射量增加最多，达 26.2W/m² ［图 5 -
24（f）红色区域］；同一情景下春季、冬季的日向下长波辐射变化值较为接近，
但普遍小于秋季的变化值。三种情景下四季的日向下长波辐射变化值从金沙江
流域源区向东南部地区普遍增大。

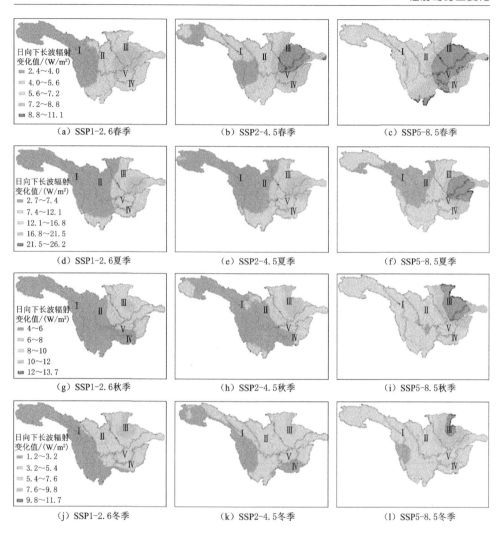

图 5-24　2015—2064 年三种情景下四季日向下长波辐射变化值空间分布（见文后彩插）

5.5.2　日向下短波辐射的变化特征

图 5-25 中，三种情景下 2015—2064 年流域年均日向下短波辐射量均显著性增加，SSP1-2.6 情景下年均日向下短波辐射量增加趋势最大，达到 $0.072\text{W/m}^2\text{/a}$。结合表 5-11，SSP1-2.6 情景下 2015—2064 年流域年均日向下短波辐射量最大，为 115.15W/m^2，相对于历史时期增加 2.41W/m^2。三种情景下远期（2040—2064 年）流域年均日向下短波辐射量大于近期（2015—2039 年）和整个未来时期（2015—2064 年）的辐射量。SSP1-2.6 情景下 2040—2064 年流域年均日向下短波辐射量最大，为 115.99W/m^2，相

比历史时期增加 3.25W/m²。

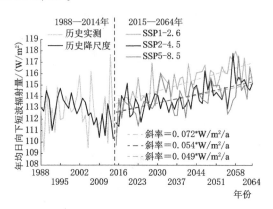

图 5-25　历史（1988—2014 年）及未来（2015—2064 年）
三种情景下流域年均日向下短波辐射量年际变化过程（见文后彩插）

注　"*"代表趋势显著变化，显著性水平为 $p < 0.05$。

表 5-11　未来不同时段三种情景下年均日向下短波辐射量变化情况　单位：W/m²

时段	1988—2014 年	2015—2064 年		2015—2039 年		2040—2064 年	
	$\overline{hisT_{rsds}}$	$\overline{T_{rsds}}$	$\Delta\overline{T_{rsds}}$	$\overline{T_{rsds}}$	$\Delta\overline{T_{rsds}}$	$\overline{T_{rsds}}$	$\Delta\overline{T_{rsds}}$
历史时期	112.74	—	—	—	—	—	—
SSP1-2.6	—	115.15	2.41	114.31	1.57	115.99	3.25
SSP2-4.5	—	113.94	1.19	113.24	0.50	114.63	1.89
SSP5-8.5	—	113.89	1.15	113.36	0.62	114.43	1.68

注　$\overline{hisT_{rsds}}$ 为历史时期流域年均日向下短波辐射量；$\overline{T_{rsds}}$ 为未来各个时间段流域年均日向下短波辐射量；$\Delta\overline{T_{rsds}}$ 为未来各个时间段流域年均日向下短波辐射变化值（相对于历史时期流域年均日向下短波辐射量 $\overline{hisT_{rsds}}$）。

图 5-26（a）～（c）中，三种情景下 2015—2064 年流域年均日向下短波辐射量从金沙江流域源区到东南部地区普遍减少，金沙江流域部分地区 2015—2064 年流域年均日向下短波辐射量达到 138.8～151.9W/m²［图 5-26（a）～（c）红色区域］。图 5-26（d）～（f）中，三种情景下 2015—2064 年流域年均日向下短波辐射变化值在金沙江流域部分地区、岷沱江流域、嘉陵江流域局部地区将减少，在其他地区将增加，整个流域日向下短波辐射变化值范围为－3.2～7.5W/m²。SSP1-2.6 情景下 2015—2064 年流域年均日向下短波辐射变化值普遍更大，变化值最大达到 5.0～7.5W/m²［图 5-26（d）红色区域］。三种情景下 2015—2064 年流域年均日向下短波辐射变化值从金沙江流域源区到东南部地区普遍增加。

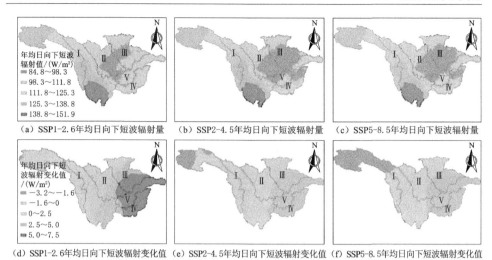

（a）SSP1-2.6年均日向下短波辐射量　（b）SSP2-4.5年均日向下短波辐射量　（c）SSP5-8.5年均日向下短波辐射量

（d）SSP1-2.6年均日向下短波辐射变化值（e）SSP2-4.5年均日向下短波辐射变化值（f）SSP5-8.5年均日向下短波辐射变化值

图 5-26　2015—2064 年流域年均日向下短波辐射量及变化值空间分布（见文后彩插）

图 5-27（a）~（l）中，2015—2064 年四季日向下短波辐射量相对于历史时期（1988—2014 年）在金沙江流域部分地区、岷沱江流域、嘉陵江流域局部地区将减少，在其他地区将增加。同一季节，SSP1-2.6 情景下的日向下短波辐射变化值普遍更大。同一情景下的夏季日向下短波辐射变化值普遍更大，尤其 SSP1-2.6 情景下夏季日向下短波辐射变化值最大约为 12.9W/m² [图 5-27（d）红色区域]；同一情景下的秋季、冬季的日向下短波辐射变化值较为接近，但普遍大于春季的变化值。三种情景下四季的日向下短波辐射变化值普遍从金沙江流域源区向东南部地区增大。

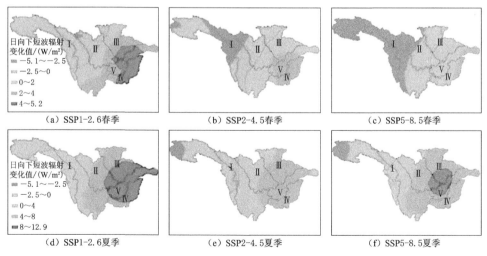

（a）SSP1-2.6春季　　　　　　（b）SSP2-4.5春季　　　　　　（c）SSP5-8.5春季

（d）SSP1-2.6夏季　　　　　　（e）SSP2-4.5夏季　　　　　　（f）SSP5-8.5夏季

图 5-27（一）　2015—2064 年四季日向下短波辐射变化值空间分布（见文后彩插）

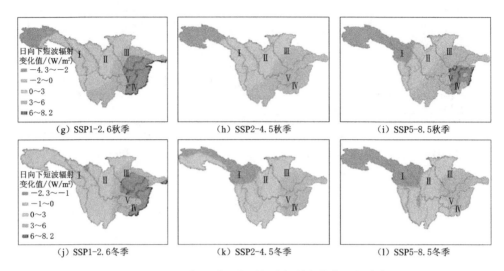

（g）SSP1-2.6秋季　　　　　（h）SSP2-4.5秋季　　　　　（i）SSP5-8.5秋季

（j）SSP1-2.6冬季　　　　　（k）SSP2-4.5冬季　　　　　（l）SSP5-8.5冬季

图 5-27（二）　2015—2064 年四季日向下短波辐射变化值空间分布（见文后彩插）

5.6　小结

本章对长江上游流域未来 50 年（2015—2064 年）的日降水、日气温、日辐射预测结果进行空间降尺度，分析了典型排放情景下长江上游未来 50 年气候变化。结果表明，未来 50 年相比历史阶段（1988—2014 年），长江上游总体来看气温升高、降水增加、辐射增加，不同区域之间存在空间差异，而年最大 1 日降水量（Rx1day）、年最大连续干天气天数（CDD）等极端事件指标相比历史阶段也将有所增强。

第6章
长江上游未来50年的径流变化预测与分析

在历史阶段（1961—2019年），长江上游出现了冰冻圈消融、径流减少等问题，而在未来气候情景下，随着源区冰冻圈要素的进一步退化，在冰川-积雪-冻土-植被过程的耦合变化下，长江上游径流如何变化尚不明晰。本章将采用第5章得到的长江上游未来气候变化预估数据，驱动分布式水文模型对未来50年（2021—2070年）长江上游的径流变化进行模拟预估，分析不同气候情景下长江上游径流年际变化与季节变化特征，进而为未来长江上游水资源管理、水库规划及运行提供理论基础与科学依据。

6.1 未来径流的年际变化

将第5章中的未来气象数据输入到分布式水文模型中，对未来的水文变化进行了模拟和分析。首先，分析未来多年平均径流与历史阶段相比的变化，以及未来50年不同支流及干流区间年径流的变化趋势。由表6-1可见，在未来降水和气温同时增加的情况下，与历史1961—2019年的多年平均值相比，除了直门达和岷沱江的径流略微增加外，未来大部分支流及干流区间的年平均径流深降低。不同支流及干流区间对比来看，乌江径流降低的程度最大，其次是嘉陵江、雅砻江。从不同排放情景对比来看，直门达径流的增加在SSP5-8.5排放情景下最明显，岷沱江径流的增加在SSP2-4.5排放情景下最明显；乌江、石鼓-屏山干流区间在SSP5-8.5排放情景下的径流降低最明显；长江上游在SSP1-2.6、SSP2-4.5和SSP5-8.5排放情景下年径流分别降低了21mm、19mm和23mm。

从未来年径流的变化趋势来看（表6-2），除了SSP1-2.6排放情景下的乌江流域以及SSP5-8.5排放情景下的嘉陵江、乌江和屏山—宜昌干流区间呈不显著的下降趋势外，其他情况下径流都呈上升的变化趋势，其中金沙江上段和岷沱江在三种排放情景下的上升趋势均在0.05显著性水平下显著；雅砻江在

SSP2－4.5 和 SSP5－8.5 排放情景下、长江源区在 SSP5－8.5 排放情景下以及石鼓—屏山干流区间在 SSP2－4.5 排放情景下的径流上升趋势显著，其他情况下年径流的变化趋势均不显著。从整个长江上游的尺度来看，在 SSP1－2.6 和 SSP5－8.5 排放情景下径流的变化均不显著，在 SSP2－4.5 排放情景下，宜昌站径流以 0.98mm/a 的趋势显著增加。

表 6－1　　　　　　　　　不同排放情景下不同区域未来 50 年平均径流与
1961—2019 年相比的变化

主要干支流 水文站	位　置	多年平均径流变化/mm		
		SSP1－2.6	SSP2－4.5	SSP5－8.5
直门达	长江源区	1	1	7
石鼓	金沙江上段	－7	－7	－7
泸宁	雅砻江	－19	－16	－27
屏山	石鼓—屏山干流	－11	－15	－29
高场	岷沱江	－1	8	5
北碚	嘉陵江	－29	－26	－22
武隆	乌江	－87	－88	－96
寸滩	屏山—宜昌干流	－33	－25	－30
宜昌	长江上游	－21	－19	－23

表 6－2　　　　　不同排放情景下不同区域未来 50 年年径流变化趋势

主要干支流 水文站	位　置	年径流变化趋势/(mm/a)		
		SSP1－2.6	SSP2－4.5	SSP5－8.5
直门达	长江源区	0.20	0.01	0.51*
石鼓	金沙江上段	0.23*	0.32*	0.79*
泸宁	雅砻江	0.65	1.37*	1.65*
屏山	石鼓—屏山干流	0.74	1.01*	0.63
高场	岷沱江	0.96*	1.91*	1.66*
北碚	嘉陵江	0.96	0.80	－0.44
武隆	乌江	－0.11	0.81	－0.75
寸滩	屏山—宜昌干流	0.53	0.83	－0.43
宜昌	长江上游	0.59	0.98*	0.57

注　　＊表示变化趋势在 0.05 显著性水平下显著。

　　图 6－1 给出了长江上游高原区、横断山脉区和四川盆地未来 50 年多年平均年径流深随高程的变化。在长江上游高原区，5000m 以下的海拔范围内，年径

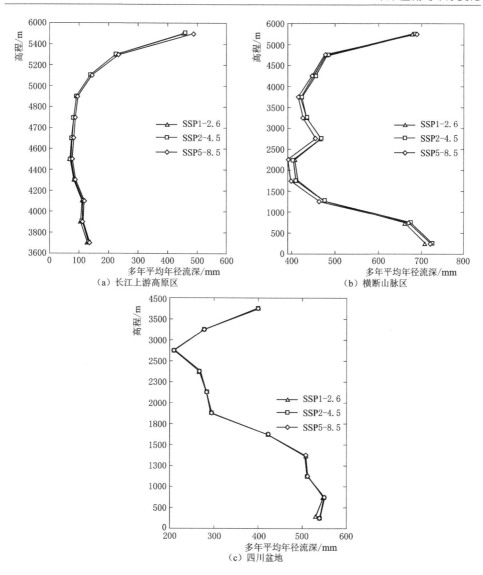

（a）长江上游高原区

（b）横断山脉区

（c）四川盆地

图 6-1 三种排放情景下长江上游高原区、横断山脉区和
四川盆地未来多年平均年径流深随高程的变化

流深稳定在 100mm 左右；而在 5000m 以上，随着海拔的升高，年径流深显著增加，5400～6000m 海拔范围内的年径流深在 450～500mm 之间；从不同排放情景对比来看，SSP1-2.6 和 SSP2-4.5 排放情景下的年径流深较为接近，SSP5-8.5 排放情景下的年径流深稍高些。在横断山脉区，随着海拔高程的增加，径流的总体变化趋势是先降低再增加，1000～5000m 海拔范围内的年径流深均较低，其中 2000～2500m 海拔范围内的年径流深最低；从不同排放情景对比来看，在

海拔5000m以下，SSP1-2.6和SSP2-4.5排放情景下的年径流深较为接近，SSP5-8.5排放情景下的年径流深低于SSP1-2.6和SSP2-4.5排放情景下的年径流深。在四川盆地区，随着海拔高程的增加，年径流深先减少后增加，其中2500～3000m海拔范围内的年径流深最低。从三个区域对比来看，长江上游高原区的年径流深最低，其次是四川盆地，横断山脉区的年径流深最大。

图6-2给出了长江上游高原区、横断山脉区和四川盆地未来50年年径流变

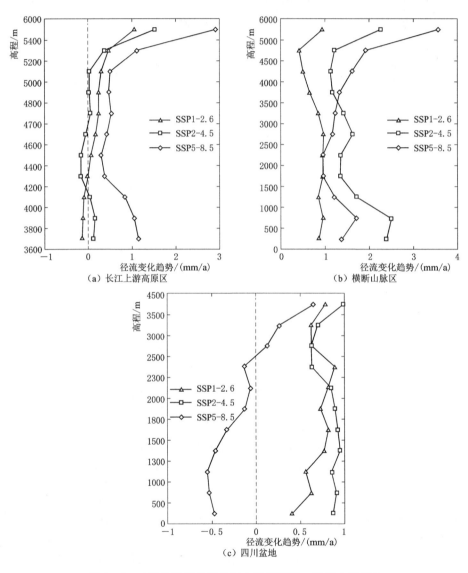

图6-2　三种排放情景下长江上游高原区、横断山脉区和
四川盆地未来年径流变化趋势随高程的变化

化趋势随高程的变化。在长江上游高原区，SSP1-2.6排放情景下，随着海拔高程的增加，年径流变化趋势逐渐增大，SSP2-4.5和SSP5-8.5排放情景下，随着海拔高程的增加，年径流变化趋势先减少后增大；SSP1-2.6排放情景下4400m以下海拔范围内的年径流在未来50年的变化趋势为负，SSP2-4.5排放情景下4200～4700m海拔范围内的年径流在未来50年的变化趋势为负，SSP5-8.5排放情景下，所有高程范围内年径流变化趋势均为正，且增加趋势显著高于SSP1-2.6和SSP2-4.5排放情景下的变化趋势。在横断山脉区，三种排放情景下，各个海拔范围内未来50年年径流均呈增加的趋势，其中SSP1-2.6排放情景下年径流的增加趋势最小，3500m以下海拔范围内，SSP2-4.5排放情景下年径流的增加趋势最大，3500～6000m海拔范围内，SSP5-8.5排放情景下年径流的增加趋势最大；5000m以下海拔范围内，随着海拔高程的增加，SSP1-2.6排放情景下，年径流变化趋势先增大后减少，SSP2-4.5和SSP5-8.5排放情景下，年径流变化趋势先减少后增大；5000～6000m海拔范围内的年径流变化趋势显著高于4500～5000m海拔范围内的变化趋势，可能与冰川有关。在四川盆地，SSP1-2.6和SSP2-4.5排放情景下，各个海拔范围内未来50年年径流均呈增加的趋势，SSP5-8.5排放情景下，3000m以下的海拔范围内未来50年年径流呈降低的趋势，3000～4500m海拔范围内的年径流呈增加的趋势；随着海拔高程的增加，SSP1-2.6和SSP2-4.5排放情景下，年径流变化趋势先增大后减少再增大，SSP1-2.6排放情景下，500m以下海拔范围内的年径流增加趋势最小，2300～2500m海拔范围内的年径流增加趋势最大；SSP2-4.5排放情景下，2300～3000m海拔范围内的年径流增加趋势最小，3500～4500m海拔范围内的年径流增加趋势最大；SSP5-8.5排放情景下，年径流变化趋势逐渐增大。

未来50年，冰川径流总体呈现增加的趋势（图6-3），其中SSP1-2.6排放情景下的增加趋势最小，为0.0065mm/a，SSP5-8.5排放情景下的增加趋势最大，为0.0179mm/a。2040年之前三种排放情景下的冰川径流较为接近，2040年之后，SSP5-8.5排放情景下的冰川径流明显高于另外两种情景。从冰川径流的变化趋势来看，未来50年冰川径流从上升变成下降的拐点尚未出现。

未来50年，长江上游多年冻土面积呈显著减少的趋势（图6-4），受温度上升趋势的影响，SSP1-2.6排放情景下多年冻土面积减少的趋势最弱，SSP5-8.5排放情景下多年冻土面积减少的趋势最强。从不同时间段来看，2037年前，三种排放情景下多年冻土面积的差别较小，2037年后，SSP5-8.5排放情景下多年冻土面积下降趋势明显高于SSP1-2.6和SSP2-4.5排放情景下的下降趋势。由图6-3和图6-4可知，为了保持长江源区冰冻圈的稳定，应尽量减少温室气体的排放，降低流域升温的幅度。

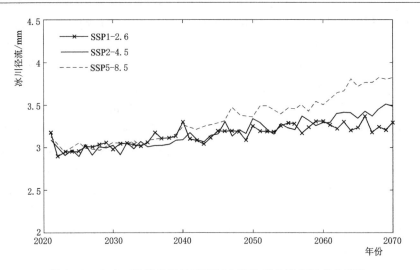

图 6-3　未来三种排放情景下长江上游冰川径流年际变化预估

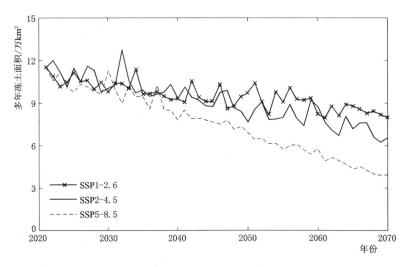

图 6-4　未来三种排放情景下长江上游多年冻土面积变化预估

6.2　未来径流的季节变化

　　未来年径流的变化会影响到总的水资源可利用量，而径流的年内变化则会直接影响到水库的放水及蓄水过程，因此要对春、夏、秋、冬四季未来 50 年径流的年内变化进行分析。与年平均径流总体的减少一致，未来 50 年大部分干支流不同季节的平均径流相较于历史阶段呈现减少的趋势（表 6-3），不同季节对比来看，总体来说秋季径流的降低最明显，而秋季（9—11 月）是水库的蓄水期，因此未来水库的蓄水可能会受到径流减少的影响。在 SSP1-2.6 和 SSP2-4.5 排放情景下，直门达和石鼓水文站春季和冬季的径流增加，夏季和秋季的径流减少；三种排放情景下，泸宁的冬季径流增加，其他三个季节径流减少；SSP2-4.5 和 SSP5-8.5 排放情景下，高场的春季和夏季径流增加，秋季和冬季径流降低；其他水文站基本上各个季节的径流均降低。从未来 50 年不同季节的径流变化趋势来看，不同站点不同季节的径流大多数都呈增加的变化趋势（表 6-4），其中 SSP2-4.5 排放情景下泸宁、屏山和高场站四个季节的径流均在 0.05 显著性水平下显著上升；SSP5-8.5 排放情景下石鼓水文站四个季节的径流均呈显著的增加趋势。总体来看，不同排放情景下各个水文站冬季径流的变化趋势（上升或者下降）大多数都显著。SSP2-4.5 排放情景下直门达站夏季和秋季径流呈不显著的下降趋势，春季和冬季径流显著增加；SSP1-2.6 和 SSP5-8.5 排放情景下的径流夏季和秋季径流不显著地上升，春季和冬季径流显著增加；SSP5-8.5 排放情景下，武隆站四个季节径流均呈下降趋势，其中冬季径流的下降趋势显著；SSP5-8.5 排放情景下，宜昌春季和冬季的径流不显著地下降，SSP1-2.6 和 SSP2-4.5 排放情景下，宜昌径流均呈上升的趋势。

表 6-3　不同排放情景下未来 50 年不同季节的径流相较于历史阶段的变化

气候情景	站点	径流相较于 1961—2019 年的变化/亿 m³			
		春季	夏季	秋季	冬季
SSP1-2.6	直门达	2.9	−0.5	−5.6	5.0
	石鼓	2.3	−9.9	−11.3	5.6
	泸宁	−2.3	−8.1	−0.5	2.7
	屏山	−2.5	−10.1	−32.6	−3.4
	高场	12.0	−0.7	−6.0	−6.3
	北碚	−10.7	−16.5	−19.2	0.7
	武隆	−14.7	−27.3	−19.9	−9.5
	宜昌	−12.4	−65.9	−99.6	−26.5
SSP2-4.5	直门达	3.5	−1.8	−6.7	5.2
	石鼓	2.7	−8.3	−14.3	5.3
	泸宁	−2.2	−4.6	−2.3	2.6
	屏山	−2.5	−1.5	−41.5	−4.4
	高场	13.3	12.3	−9.2	−6.5
	北碚	−10.2	−6.7	−23.6	−0.5
	武隆	−19.9	−21.9	−19.4	−10.9
	宜昌	−17.0	−12.5	−115.6	−32.1

气候情景	站点	径流相较于 1961—2019 年的变化/亿 m³			
		春季	夏季	秋季	冬季
SSP5 - 8.5	直门达	5.0	0.8	−4.0	7.7
	石鼓	3.2	−10.6	−13.9	7.8
	泸宁	−3.3	−10.1	−3.9	2.8
	屏山	−3.1	−25.0	−47.2	−4.5
	高场	14.7	8.0	−10.5	−6.5
	北碚	−6.4	−2.9	−25.2	−0.3
	武隆	−20.1	−26.4	−21.6	−10.6
	宜昌	−10.4	−46.3	−130.7	−32.4

表 6 - 4　　不同排放情景下未来 50 年不同季节的径流变化趋势

气候情景	站点	径流变化趋势/(亿 m³/a)			
		春季	夏季	秋季	冬季
SSP1 - 2.6	直门达	0.06*	0.11	0.03	0.08*
	石鼓	0.12*	0.28	0.00	0.06*
	泸宁	0.04	0.38*	0.11	−0.03
	屏山	0.25*	1.49	0.48*	0.02
	高场	0.26	0.73	0.33	0.04
	北碚	0.21	0.50	0.76	0.06*
	武隆	−0.11	0.03	0.005	−0.01
	宜昌	0.79	3.02	1.79	0.16
SSP2 - 4.5	直门达	0.03*	−0.05	−0.04	0.06*
	石鼓	0.14*	0.37	0.05	0.08*
	泸宁	0.08*	0.65*	0.42*	0.05*
	屏山	0.32*	1.76*	1.25*	0.18*
	高场	0.40*	1.39*	0.83*	0.07*
	北碚	0.15	0.35	0.76	0.02
	武隆	0.09	0.10	0.50*	−0.02
	宜昌	1.25*	3.95*	4.09	0.32*
SSP5 - 8.5	直门达	0.19*	0.18	0.13	0.20*
	石鼓	0.15*	0.89*	0.40*	0.24*
	泸宁	0.00	0.92*	0.66*	0.14*
	屏山	0.13	2.39*	1.68*	0.34*

气候情景	站点	径流变化趋势/(亿 m³/a)			
		春季	夏季	秋季	冬季
SSP5 - 8.5	高场	0.12	1.41*	0.91*	0.11*
	北碚	0.00	−0.32	−0.23	−0.13*
	武隆	−0.26	−0.09	−0.04	−0.22*
	宜昌	−0.13	3.47	2.42	−0.17

注 * 表示变化趋势在 0.05 显著性水平下显著。

6.3 小结

本章以未来典型排放情景下的气候要素为驱动,采用分布式水文模型对未来 50 年长江上游的径流变化进行模拟,预估了不同气候情景下长江上游未来 50 年的径流变化。结果表明,与历史阶段相比,长江上游未来大部分支流及干流区间的年平均径流降低,秋季径流的降低最明显;未来气候情景下长江上游冰川径流总体呈现增加趋势,多年冻土面积呈显著减少趋势,从而进一步影响流域径流过程。

第7章
总结与展望

7.1 主要结论

（1）构建了基于冰川-积雪-冻土-水文多过程耦合的长江上游分布式水文模型。采用基于流域地貌特征的分布式生态水文模型 GBEHM（Geomorphology Based Eco-Hydrological Model）原理，耦合了冰川和积雪融化、土壤冻融过程等高寒山区特有的水文过程，并考虑生态水文相互作用过程，针对长江上游高寒山区地形与水文特点，构建了刻画高寒复杂地形条件和描述冰川-积雪-冻土-水文等多过程耦合的分布式水文模型。利用 1961—1970 年和 1971—1980 年分别作为模型的率定期和验证期，采用主要水文站实测径流进行了模型的率定和验证，结果表明模型能够很好地对长江上游径流过程进行模拟，逐日径流量的纳什效率系数（NSE）大于 0.8，水量平衡误差（$PBIAS$）在 ±5% 以内，屏山站日径流的平均相对误差为 9.5%，宜昌站日径流的平均相对误差为 9.2%。

（2）揭示了长江上游过去 60 年径流变化的时空特征、量化了气候和人为因素对径流变化的贡献。基于 1961—2019 年的径流过程模拟结果分析表明，长江上游流域年径流量总体上呈现下降趋势。从 1961—2000 年（第一阶段）到 2001—2019 年（第二阶段），金沙江及雅砻江径流量对宜昌站径流量的贡献比例增加，乌江和干流区间的贡献比例减少。对比 2000 年前后的两阶段，宜昌站的年径流量减少了 269.3 亿 m³，其中岷沱江和上游干流径流的减少较为明显。定量分析结果表明，气候变化、人工取用水、水库蓄水和人工植被恢复的变化对长江上游两阶段之间径流减少的贡献比例分别为 45.2%，29.8%，19.6% 和 4.9%。

（3）基于模拟结果分析了近 60 年长江上游冰冻圈水文过程变化。根据模拟结果，近 60 年长江上游流域的冰川出现退化，冰储量逐渐减少；气温升高使得多年冻土出现退化，多年冻土区面积减少了 11%，多年冻土最大活动层厚度以 0.68cm/a 的速度增加；季节性冻土年最大冻结深度以 1.03cm/a 的速度降低。

冰川和融雪径流增加；在多年冻土退化为季节性冻土的区域，地下水储量明增加显，土壤液态水含量减少。

（4）分析了典型排放情景下长江上游未来 50 年气候变化。选择预测精度较高的 5 个 CMIP6 模式，采用误差校正空间降尺度方法对长江上游流域未来 50 年（2015—2064 年）的日降水、日气温、日辐射预测结果进行空间降尺度，生成了 8km 分辨率的日降水、日气温、日辐射数据。5 个模式的集合结果表明，相比于历史时期（1988—2014 年），SSP1-2.6、SSP2-4.5 和 SSP5-8.5 情景下，未来 50 年长江上游流域平均年降水量将分别增加 34.1mm、9mm 和 10.1mm。不同子流域中，乌江流域和宜宾宜昌流域年降水量增加最多。四季中，冬季降水量变化幅度最大（−25%～45%）。三种排放情景下，年强降水天数（R10mm）、年最大 1 日降水量（Rx1day）在整个流域普遍增加，但在金沙江流域源区局部地区增加最多。年最大连续干天气天数（CDD）在乌江和宜宾宜昌流域局部地区增加，在其他地区减少。三种排放情景下，长江上游流域未来 50 年的日均气温、日最高气温、日最低气温均呈现显著性上升趋势，日向下长波辐射量均会增加，而日向下短波辐射量主要在金沙江流域、岷沱江流域和嘉陵江流域部分地区减少，在其他地区将增加。

（5）预估了不同气候情景下长江上游未来 50 年的径流变化。以未来典型排放情景下的气候要素为驱动，采用分布式水文模型对未来 50 年长江上游的径流变化进行模拟。与历史阶段 1961—2019 年的多年平均值相比，除了直门达以及岷沱江的径流略微增加外，未来大部分支流及干流区间的年平均径流降低。从年内的季节径流变化来看，大部分干支流的不同季节平均径流相较于历史阶段呈现减少趋势，秋季径流的降低最明显。从年径流的变化趋势来看，除 SSP1-2.6 排放情景下的乌江流域和 SSP5-8.5 排放情景下的嘉陵江、乌江和屏山-宜昌区间呈不显著的下降趋势外，其他情况下径流都呈上升的变化趋势。未来气候情景下长江上游冰川径流总体呈现增加趋势，多年冻土面积呈显著减少趋势。

7.2 研究展望

基于分布式水文模型对未来气候模式下的情景预测，未来长江上游大部分支流及干流区间的年平均径流减少，而秋季径流的降低最明显，秋季（9—11月）恰是水库的蓄水期，因此未来水库的蓄水可能会受到径流减少的影响，从而可能引起各梯级电站发电量减少。为充分发挥上游梯级电站的综合效益，保障长江中下游生态环境及水资源安全，可进一步深入开展如下工作。

（1）加强水库来流预报工作。由于长江上游干支流不同区域的径流变化趋势和特征不同，宜针对不同分区进行短期、中期、长期的径流预报，提升水库入库径流的预见期和精度。

（2）优化梯级水库联合调度。考虑未来气候情景下长江上游不同区域的径流变化趋势存在差异，应加强长江上游大型梯级水库的联合调度，提高水库群的综合效益。

（3）加强极端气候下的应急管理。为应对未来气候变化带来的极端事件，建议加强极端气候水文条件下的水库防灾调度方法和预案研究，降低灾害风险损失。

参 考 文 献

常晓丽，金会军，王永平，等，2012. 植被对多年冻土的影响研究进展 [J]. 生态学报，32（24）：7981 - 7990.

丁永建，秦大河，2009. 冰冻圈变化与全球变暖：我国面临的影响与挑战 [J]. 中国基础科学，3：4 - 10.

丁永建，张世强，2015. 冰冻圈水循环在全球尺度的水文效应 [J]. 科学通报，60（7）：593 - 602.

丁永建，张世强，吴锦奎，等，2020. 中国冰冻圈水文过程变化研究新进展 [J]. 水科学进展，31（5）：690 - 702.

姜会飞，温德永，李楠，等，2010. 利用正弦分段法模拟气温日变化 [J]. 气象与减灾研究，33（3）：61 - 65.

雷志栋，胡和平，杨诗秀，1999. 土壤水研究进展与评述 [J]. 水科学进展，10（3）：311 - 318.

任贾文，叶柏生，丁永建，等，2011. 中国冰冻圈变化对海平面上升潜在贡献的初步估计 [J]. 科学通报，14：1084 - 1087.

施雅风，刘时银，2000. 中国冰川对 21 世纪全球变暖响应的预估 [J]. 科学通报，45（4）：434 - 438.

孙鸿烈，郑度，姚檀栋，等，2012. 青藏高原国家生态安全屏障保护与建设 [J]. 地理学报，67（1）：3 - 12.

王宇涵，2019. 青藏高原典型流域的冻土水文变化模拟与分析 [D]. 北京：清华大学.

向竣文，张利平，邓瑶，等，2021. 基于 CMIP6 的中国主要地区极端气温/降水模拟能力评估及未来情景预估 [J]. 武汉大学学报（工学版），54（1）：46 - 57.

邢晨辉，2021. 四川区域 CMIP6 模式模拟能力评估 [J]. 自然科学，9（1）：121 - 131.

许继军，杨大文，2010. 基于分布式水文模拟的干旱评估预报模型研究 [J]. 水利学报，41（6）：739 - 747.

杨大文，李翀，倪广恒，等，2004. 分布式水文模型在黄河流域的应用 [J]. 地理学报，59（1）：143 - 154.

杨建平，丁永建，陈仁升，等，2004. 长江黄河源区多年冻土变化及其生态环境效应 [J]. 山地学报，22（3）：278 - 285.

姚檀栋，秦大河，沈永平，等，2013. 青藏高原冰冻圈变化及其对区域水循环和生态条件的影响 [J]. 自然杂志，35（3）：179 - 186.

叶芝菡，谢云，刘宝元，2002. 日平均气温的两种计算方法比较 [J]. 北京师范大学学报：自然科学版，38（3）：421 - 426.

张磊磊，郝振纯，童凯，等，2013. VIC 模型在三江源地区产汇流模拟中的应用 [J]. 水电能源科学，31（1）：18 - 20.

赵林，丁永建，刘广岳，等，2010. 青藏高原多年冻土层中地下冰储量估算及评价 [J]. 冰川冻土，32（1）：1 - 9.

Bartelt P，Lehning M，2002. A physical SNOWPACK model for the Swiss avalanche warning：

Part I: numerical model [J]. Cold Regions Science and Technology, 35: 123 – 145.

Collatz G J, Ball J T, Grivet C, et al. , 1991. Physiological and environmental regulation of stomatal conductance, photosynthesis and transpiration: a model that includes a laminar boundary layer [J]. Agricultural and Forest Meteorology, 54 (2 – 4): 107 – 136.

Collatz G J, Ribas – Carbo M, Berry J A, 1992. Coupled photosynthesis – stomatal conductance model for leaves of C4 plants [J]. Functional Plant Biology, 19 (5): 519 – 538.

Cong Z, Yang D, Gao B, et al. , 2009. Hydrological trend analysis in the Yellow River basin using a distributed hydrological model [J]. Water Resources Research, 45 (7): 494 – 506.

Connon R, Devoie E, Hayashi M, et al. , 2018. The influence of shallow taliks on permafrost thaw and active layer dynamics in subarctic canada [J]. Journal of Geophysical Research: Earth Surface, 123 (2): 281 – 297.

Cuo L, Zhang Y, Bohn T J, et al. , 2015. Frozen soil degradation and its effects on surface hydrology in the northern Tibetan Plateau [J]. Journal of Geophysical Research: Atmospheres, 120 (16): 8276 – 8298.

Dai Y, Shangguan W, Duan Q, et al. , 2013. Development of a China dataset of soil hydraulic parameters using pedotransfer functions for land surface modeling [J]. Journal of Hydrometeorology, 14 (3): 869 – 887.

Farquhar G D, Von C S, Berry J A, 1980. A biochemical model of photosynthetic CO_2 assimilation in leaves of C3 species [J]. Planta: An International Journal of Plant Biology, 149: 78 – 90.

Flanner M G, Zender C S, Hess P G, et al. , 2009. Springtime warming and reduced snow cover from carbonaceous particles [J]. Atmospheric Chemistry and Physics, 9 (7): 2481 – 2497.

Flanner M G, Zender C S, Randerson J T, et al. , 2007. Present day climate forcing and response from black carbon in snow [J]. Journal of Geophysical Research: Atmospheres, 112: D11202.

Flerchinger G, Saxton K, 1989. Simultaneous heat and water model of a freezing snow – residue – soil system I. Theory and development [J]. Transactions of ASAE, 32 (2): 565 – 571.

Gao B, Li J, Wang X, 2018. Analyzing changes in the flow regime of the Yangtze River using the eco – flow metrics and IHA metrics [J]. Water, 10 (11): 1552.

Guenther F, Aichner B, Siegwolf R, et al. , 2013. A synthesis of hydrogen isotope variability and its hydrological significance at the Qinghai – Tibetan Plateau [J]. Quaternary International, 313 – 314: 3 – 16.

Immerzeel W W, Van Beek L P H V, Bierkens M F P, 2010. Climate change will affect the Asian water towers [J]. Science, 328 (5984): 1382 – 1385.

Iwata Y, Nemoto M, Hasegawa S, et al. , 2011. Influence of rain, air temperature, and snow cover on subsequent spring snowmelt infiltration into thin frozen soil layer in northern Japan [J]. Journal of Hydrology, 401 (3 – 4): 165 – 176.

Jiang D, Hu D, Tian Z, et al. , 2020. Differences between CMIP6 and CMIP5 models in simulating climate over China and the East Asian monsoon [J]. Advances in Atmospheric Sciences, 37: 1102 – 1118.

Jordan R, 1991. A one – dimensional temperature model for a snow cover: Technical documentation for SNTHERM 89 [R]. Cold Region Research and Engineering Lab Hanover.

Kurylyk B L, Watanabe K, 2013. The mathematical representation of freezing and thawing processes in variably – saturated, non – deformable soils [J]. Advances in Water Resources, 60: 160 – 177.

Li X, Liu S, Xiao Q, et al., 2017. A multiscale dataset for understanding complex eco – hydrological processes in a heterogeneous oasis system [J]. Scientific Data, 4: 170083.

Li Y, Yan D, Peng H, et al., 2021. Evaluation of precipitation in CMIP6 over the Yangtze River basin [J]. Atmospheric Research, 253: 105406.

Li Z, Feng Q, Wang Q, et al., 2016. Quantitative evaluation on the influence from cryosphere meltwater on runoff in an inland river basin of China [J]. Global and Planetary Change, 143: 189 – 195.

Lutz A F, Immerzeel W W, Shrestha A B, et al., 2014. Consistent increase in high Asia's runoff due to increasing glacier melt and precipitation [J]. Nature Climate Change, 4 (7): 587 – 592.

Mcclelland J W, Holmes R M, Peterson B J, et al., 2004. Increasing river discharge in the Eurasian Arctic: Consideration of dams, permafrost thaw, and fires as potential agents of change [J]. Journal of Geophysical Research: Atmospheres, 109: 159 – 172.

Oerlemans J, Knap W H, 1998. A 1 year record of global radiation and albedo in the ablation zone of Morteratschgletscher, Switzerland [J]. Journal of Glaciology, 44 (147): 231 – 238.

Oerlemans J, 2001. Glaciers and climate change [M]. Lisse: A A Balkema Publisher.

Oleson K W, Lawrence D M, Bonan G B, et al., 2010. Technical description of version 4.0 of the Community Land Model (CLM). NCAR Technical Note NCAR/TN – 4781STR [R]. Boulder: National Center for Atmospheric Research.

Pohl S, Davison B, Marsh P, et al., 2005. Modelling spatially distributed snowmelt and meltwater runoff in a small Arctic catchment with a hydrology land – surface scheme (WATCLASS) [J]. Atmosphere, 43: 193 – 211.

Qiu J, 2012. Thawing permafrost reduces river runoff [J]. Nature, 6. DOI: 10.1038/nature.2012.9749.

Riseborough D, Shiklomanov N, Etzelmuller B, et al., 2008. Recent advances in permafrost modelling [J]. Permafrost and Periglacial Processes, 19: 137 – 156.

Sellers P J, Berry J A, Collatz G J, et al., 1992. Canopy reflectance, photosynthesis, and transpiration. III. A reanalysis using improved leaf models and a new canopy integration scheme [J]. Remote Sensing of Environment, 42 (3): 187 – 216.

Sellers P J, Randall D A, Collatz G J, et al., 1996. A revised land surface parameterization (SiB2) for atmospheric GCMS. Part I: Model Formulation [J]. Journal of Climate, 9 (4): 676 – 705.

Shangguan W, Dai Y, Liu B, et al., 2013. A China data set of soil properties for land surface modeling [J]. Journal of Advances in Modeling Earth Systems, 5 (2): 212 – 224.

Shen Y, Xiong A, 2016. Validation and comparison of a new gauge – based precipitation analysis over mainland China [J]. International Journal of Climatology, 36 (1): 252 – 265.

Sitch S, Smith B, Prentice I, et al., 2003. Evaluation of ecosystem dynamics, plant geography and terrestrial carbon cycling in the LPJ dynamic global vegetation model [J]. Global Change Biology, 9 (2): 161 – 185.

Stähli M, Jansson P E, Lundin L C, 1996. Preferential water flow in a frozen soil—a two-domain model approach [J]. Hydrological Processes, 10 (10), 1305 – 1316.

Stewart I T, 2009. Changes in snowpack and snowmelt runoff for key mountain regions [J]. Hydrological Processes, 23: 78 – 94.

Su F, Zhang L, Ou T, et al., 2016. Hydrological response to future climate changes for the major upstream river basins in the Tibetan Plateau [J]. Global and Planetary Change, 136: 82 – 95.

Tong Y, Chen L, Chi J, et al., 2016. Riverine nitrogen loss in the Tibetan Plateau and potential impacts of climate change [J]. Science of the Total Environment, 553: 276 – 284.

Toon O B, Mckay C P, Ackerman T P, et al., 1989. Rapid calculation of radiative heating rates and photodissociation rates in inhomogeneous multiple scattering atmospheres [J]. Journal of Geophysical Research Atmospheres, 94 (D13): 16287 – 16301.

Van Genuchten M T, 1980. A closed-form equation for predicting the hydraulic conductivity of unsaturated soils [J]. Soil Science Society of America Journal, 44 (5): 892 – 898.

Walvoord M A, Kurylyk B L, 2016. Hydrologic impacts of thawing permafrost-a review [J]. Vadose Zone Journal, 15 (6): 1 – 20.

Wang G, Liu G, Li C, 2012. Effects of changes in alpine grassland vegetation cover on hillslope hydrological processes in a permafrost watershed [J]. Journal of Hydrology, 444: 22 – 33.

Yang D, Gao B, Jiao Y, et al., 2015. A distributed scheme developed for eco-hydrological modeling in the upper Heihe River [J]. Science China Earth Sciences, 58: 36 – 45.

Yang D, S Herath, K Musiake, 2002. A hillslope-based hydrological model using catchment area and width functions [J]. Hydrological Sciences Journal, 47 (1): 49 – 65.

Yang D, Ye B, Kane D L, 2004. Streamflow changes over Siberian Yenisei river basin [J]. Journal of Hydrology, 296: 59 – 80.

Yang Y, Tian F, 2009. Abrupt change of runoff and its major driving factors in Haihe river catchment, China [J]. Journal of Hydrology, 374: 373 – 383.

Zhang L, Su F, Yang D, et al., 2013. Discharge regime and simulation for the upstream of major rivers over Tibetan Plateau [J]. Journal of Geophysical Research Atmospheres, 118: 8500 – 8518.

Zhang T, 2005. Historical overview of permafrost studies in China [J]. Physical Geography, 26: 279 – 298.

Zhao Q, Ding Y, Wang J, et al., 2019. Projecting climate change impacts on hydrological processes on the Tibetan Plateau with model calibration against the glacier inventory data and observed streamflow [J]. Journal of Hydrology, 573: 60 – 81.

Zhou S, Liang X, Chen J, et al., 2004. An assessment of the VIC-3L hydrological model for the Yangtze river basin based on remote sensing: a case study of the Baohe River basin [J]. Canadian Journal of Remote Sensing, 30: 840 – 853.

Zhu Z, Bi J, Pan Y, et al., 2013. Global data sets of vegetation leaf area index (LAI) 3g and fraction of photosynthetically active radiation (FPAR) 3g derived from global inventory modeling and mapping studies (GIMMS) normalized difference vegetation index (NDVI3g) for the period 1981 to 2011 [J]. Remote Sensing, 5 (2): 927 – 948.

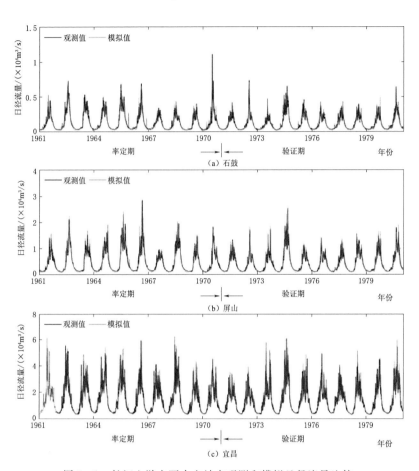

图 3－1　长江上游主要水文站点观测和模拟日径流量比较

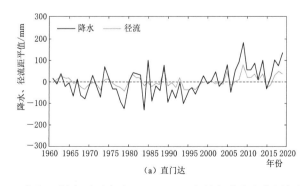

图 4－1（一）　长江上游主要干支流 1961—2019 年的年降水和实测年径流的距平值

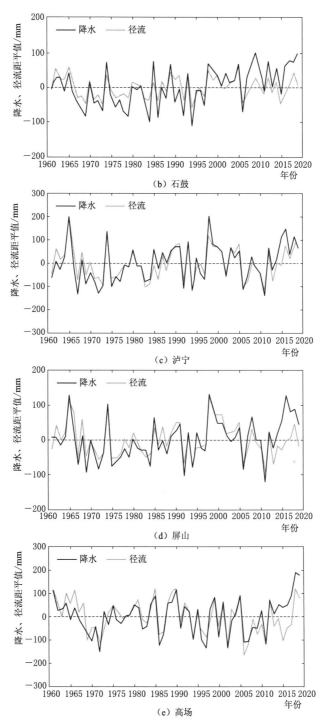

图 4-1（二） 长江上游主要干支流 1961—2019 年的年降水和实测年径流的距平值

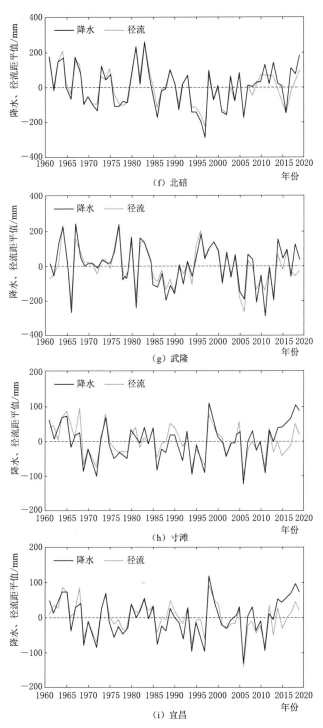

图 4-1（三）　长江上游主要干支流 1961—2019 年的年降水和实测年径流的距平值

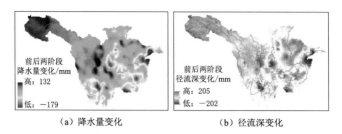

（a）降水量变化　　　　　　　（b）径流深变化

图 4-3　2000 年前后两阶段长江上游降水量和模拟天然径流深的变化情况

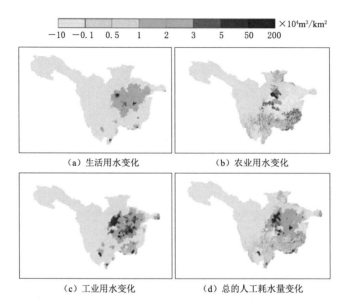

（a）生活用水变化　　　　　　（b）农业用水变化

（c）工业用水变化　　　　　　（d）总的人工耗水量变化

图 4-4　生活用水、农业用水、工业用水及总的人工耗水量
从第一阶段到第二阶段的变化情况

图 4-8　1961—2019 年长江上游冻土分布变化情况

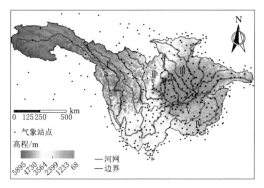

图 5-1 长江上游流域、子流域和气象站点分布

Ⅰ—金沙江流域；Ⅱ—岷沱江流域；Ⅲ—嘉陵江流域；

Ⅳ—乌江流域；Ⅴ—宜宾宜昌流域；符号含意下同。

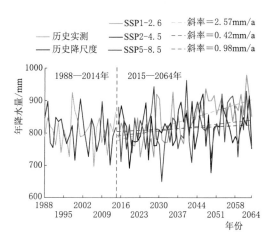

图 5-4 历史（1988—2014 年）及未来（2015—2064 年）

三种情景下年降水年际变化过程

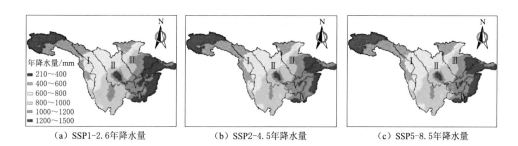

（a）SSP1-2.6 年降水量　　　（b）SSP2-4.5 年降水量　　　（c）SSP5-8.5 年降水量

图 5-5（一）　2015—2064 年间三种情景下年降水量及其相对变化空间分布

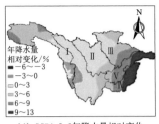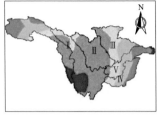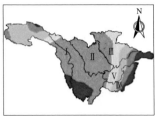

（d）SSP1-2.6年降水量相对变化　　（e）SSP2-4.5年降水量相对变化　　（f）SSP5-8.5年降水量相对变化

图 5-5（二）　2015—2064 年间三种情景下年降水量及其相对变化空间分布

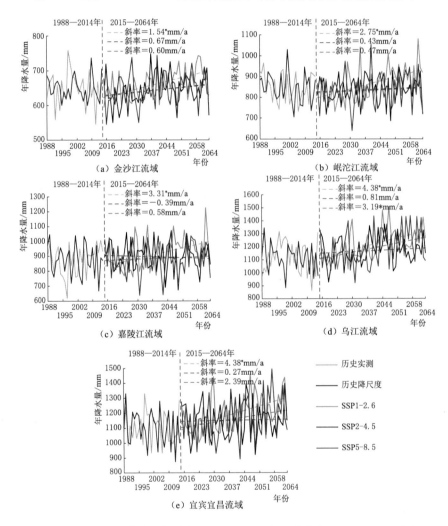

图 5-6　五个干支流区间历史（1988—2014 年）及未来（2015—2064 年）

三种情景下年降水年际变化过程

注"＊"代表趋势显著变化，显著性水平为 $p < 0.05$。

84

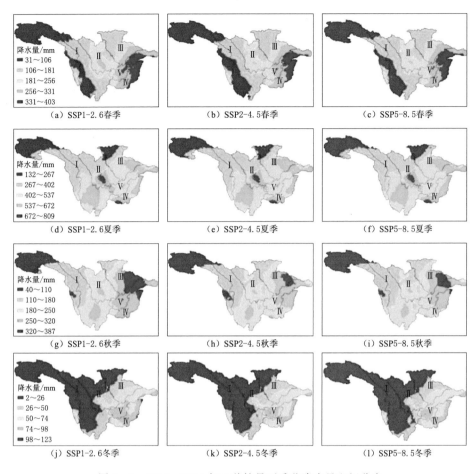

图 5-8　2015—2064 年三种情景下季节降水量空间分布

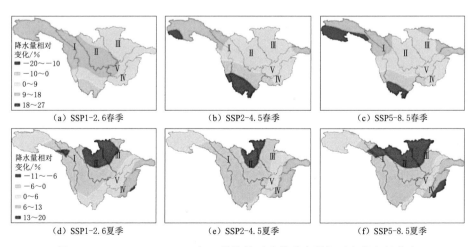

图 5-9（一）　2015—2064 年三种情景下季节降水量相对变化空间分布

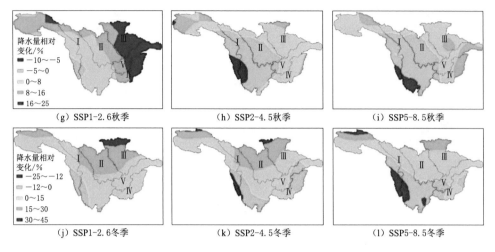

（g）SSP1-2.6秋季 （h）SSP2-4.5秋季 （i）SSP5-8.5秋季

（j）SSP1-2.6冬季 （k）SSP2-4.5冬季 （l）SSP5-8.5冬季

图 5-9（二） 2015—2064 年三种情景下季节降水量相对变化空间分布

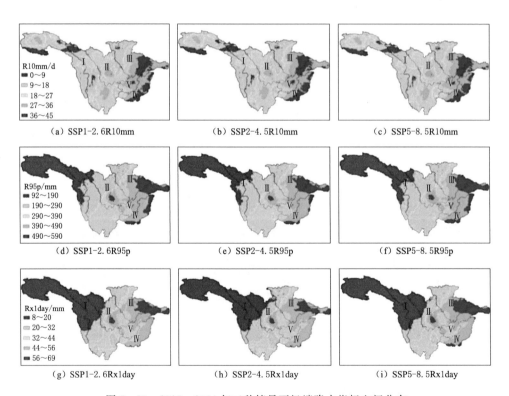

（a）SSP1-2.6R10mm （b）SSP2-4.5R10mm （c）SSP5-8.5R10mm

（d）SSP1-2.6R95p （e）SSP2-4.5R95p （f）SSP5-8.5R95p

（g）SSP1-2.6Rx1day （h）SSP2-4.5Rx1day （i）SSP5-8.5Rx1day

图 5-10 2015—2064 年三种情景下极端降水指标空间分布

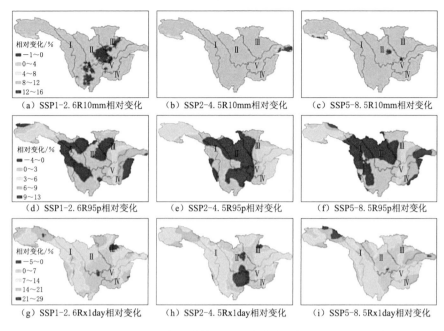

（a）SSP1-2.6R10mm相对变化 （b）SSP2-4.5R10mm相对变化 （c）SSP5-8.5R10mm相对变化

（d）SSP1-2.6R95p相对变化 （e）SSP2-4.5R95p相对变化 （f）SSP5-8.5R95p相对变化

（g）SSP1-2.6Rx1day相对变化 （h）SSP2-4.5Rx1day相对变化 （i）SSP5-8.5Rx1day相对变化

图 5-11 2015—2064 年三种情景下极端降水指标相对变化空间分布

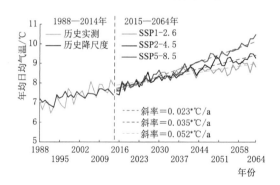

图 5-12 历史（1988—2014 年）及未来（2015—2064 年）
三种情景下年均日均气温年际变化过程

注 "＊"代表趋势显著变化，显著性水平为 $p<0.05$。

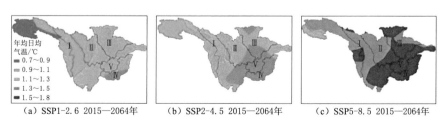

（a）SSP1-2.6 2015—2064年 （b）SSP2-4.5 2015—2064年 （c）SSP5-8.5 2015—2064年

图 5-13（一） 未来不同时段三种情景下流域年均日均气温相比历史阶段变化值空间分布

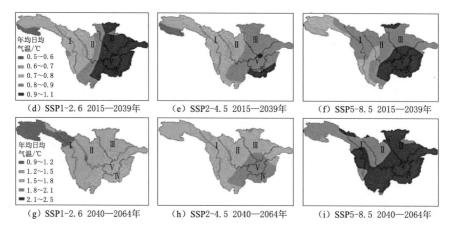

（d）SSP1-2.6 2015—2039年 （e）SSP2-4.5 2015—2039年 （f）SSP5-8.5 2015—2039年

（g）SSP1-2.6 2040—2064年 （h）SSP2-4.5 2040—2064年 （i）SSP5-8.5 2040—2064年

图 5-13（二） 未来不同时段三种情景下流域年均日均气温相比历史阶段变化值空间分布

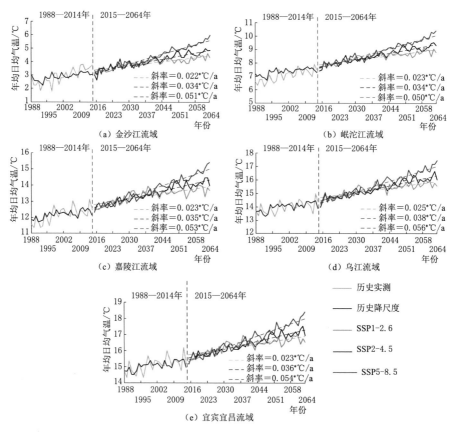

（a）金沙江流域　　　　　　　　　　（b）岷沱江流域

（c）嘉陵江流域　　　　　　　　　　（d）乌江流域

（e）宜宾宜昌流域

图 5-14 五个干支流区间历史（1988—2014 年）及未来（2015—2064 年）

三种情景下年均日均气温年际变化过程

注 "＊"代表趋势显著变化，显著性水平为 $p < 0.05$。

88

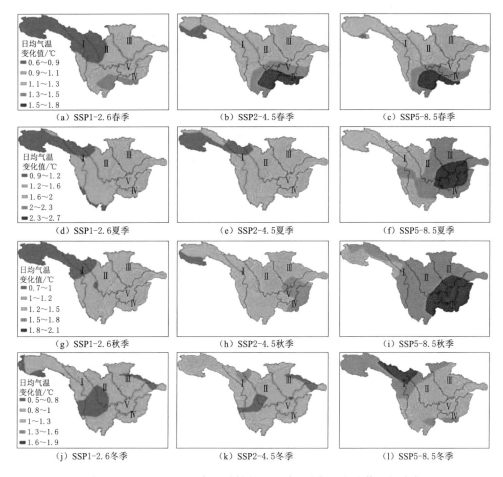

图 5-16　2015—2064 年三种情景下四季日均气温变化值空间分布

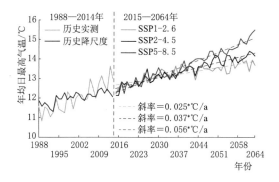

图 5-17　历史（1988—2014 年）及未来（2015—2064 年）
三种情景下流域年均日最高气温年际变化过程

注　"＊"代表趋势显著变化，显著性水平为 $p < 0.05$。

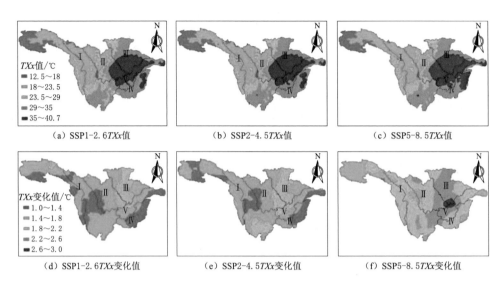

（a）SSP1-2.6*TXx*值　　　　　（b）SSP2-4.5*TXx*值　　　　　（c）SSP5-8.5*TXx*值

（d）SSP1-2.6*TXx*变化值　　　（e）SSP2-4.5*TXx*变化值　　　（f）SSP5-8.5*TXx*变化值

图 5-18　2015—2064 年间三种情景下 *TXx* 值及 *TXx* 变化值空间分布

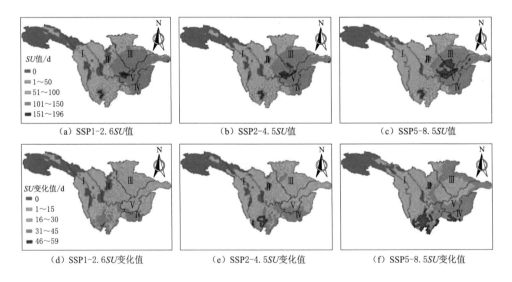

（a）SSP1-2.6*SU*值　　　　　（b）SSP2-4.5*SU*值　　　　　（c）SSP5-8.5*SU*值

（d）SSP1-2.6*SU*变化值　　　（e）SSP2-4.5*SU*变化值　　　（f）SSP5-8.5*SU*变化值

图 5-19　2015—2064 年间三种情景下极端日最高气温指标 *SU* 值及 *SU* 变化值空间分布

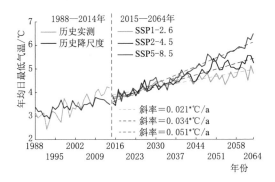

图 5-20　历史（1988—2014 年）及未来（2015—2064 年）

三种情景下流域年均日最低气温年际变化过程

注　"＊"代表趋势显著变化，显著性水平为 $p < 0.05$。

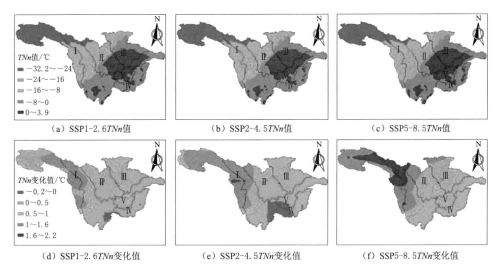

（a）SSP1-2.6 TNn值　　　（b）SSP2-4.5 TNn值　　　（c）SSP5-8.5 TNn值

（d）SSP1-2.6 TNn变化值　　（e）SSP2-4.5 TNn变化值　　（f）SSP5-8.5 TNn变化值

图 5-21　2015—2064 年间三种情景下极端日最低气温指标

TNn 值及 *TNn* 变化值空间分布

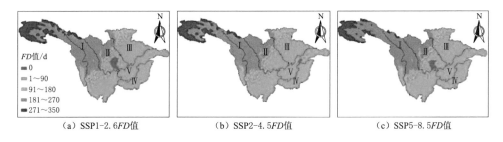

（a）SSP1-2.6 FD值　　　（b）SSP2-4.5 FD值　　　（c）SSP5-8.5 FD值

图 5-22（一）　2015—2064 年间三种情景下极端日最低气温指标

FD 值及 *FD* 变化值空间分布

91

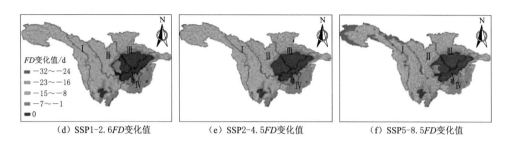

（d）SSP1-2.6FD变化值　　　　　（e）SSP2-4.5FD变化值　　　　　（f）SSP5-8.5FD变化值

图 5-22（二）　2015—2064 年间三种情景下极端日最低气温指标

FD 值及 FD 变化值空间分布

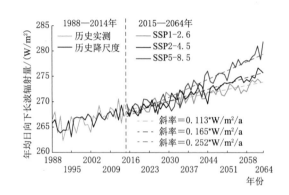

图 5-23　历史（1988—2014 年）及未来（2015—2064 年）三种情景下

流域年均日向下长波辐射量年际变化过程

注　"*"代表趋势显著变化，显著性水平为 p＜0.05。

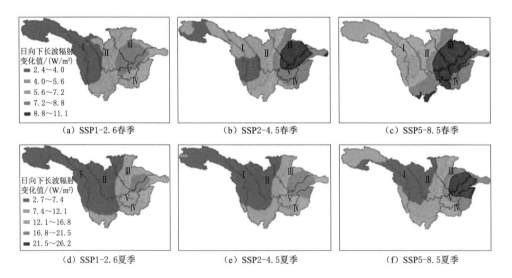

（a）SSP1-2.6春季　　　　　（b）SSP2-4.5春季　　　　　（c）SSP5-8.5春季

（d）SSP1-2.6夏季　　　　　（e）SSP2-4.5夏季　　　　　（f）SSP5-8.5夏季

图 5-24（一）　2015—2064 年三种情景下四季日向下长波辐射变化值空间分布

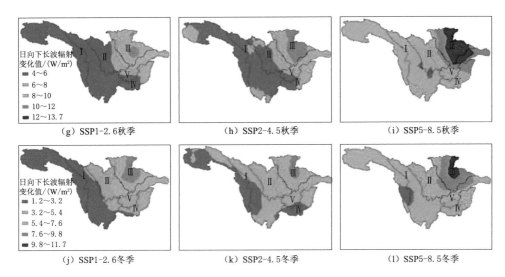

（g）SSP1-2.6秋季　　　　　（h）SSP2-4.5秋季　　　　　（i）SSP5-8.5秋季

日向下长波辐射
变化值/(W/m²)
■ 4~6
■ 6~8
■ 8~10
■ 10~12
■ 12~13.7

日向下长波辐射
变化值/(W/m²)
■ 1.2~3.2
■ 3.2~5.4
■ 5.4~7.6
■ 7.6~9.8
■ 9.8~11.7

（j）SSP1-2.6冬季　　　　　（k）SSP2-4.5冬季　　　　　（l）SSP5-8.5冬季

图 5-24（二）　2015—2064 年三种情景下四季日向下长波辐射变化值空间分布

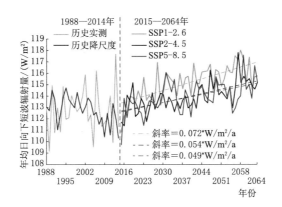

图 5-25　历史（1988—2014 年）及未来（2015—2064 年）
三种情景下流域年均日向下短波辐射量年际变化过程

注　"*"代表趋势显著变化，显著性水平为 $p<0.05$。

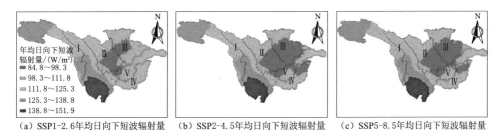

年均日向下短波
辐射量/(W/m²)
■ 84.8~98.3
■ 98.3~111.8
■ 111.8~125.3
■ 125.3~138.8
■ 138.8~151.9

（a）SSP1-2.6年均日向下短波辐射量　（b）SSP2-4.5年均日向下短波辐射量　（c）SSP5-8.5年均日向下短波辐射量

图 5-26（一）　2015—2064 年流域年均日向下短波辐射量及变化值空间分布

（d）SSP1-2.6年均日向下短波辐射变化值 （e）SSP2-4.5年均日向下短波辐射变化值 （f）SSP5-8.5年均日向下短波辐射变化值

图 5 - 26 （二） 2015—2064 年间年均日向下短波辐射量及变化值空间分布

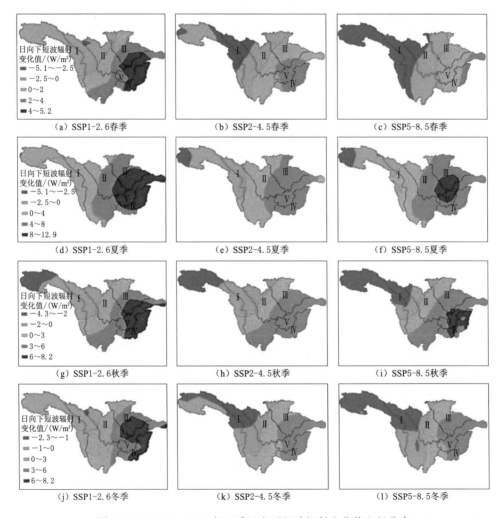

（a）SSP1-2.6春季 （b）SSP2-4.5春季 （c）SSP5-8.5春季

（d）SSP1-2.6夏季 （e）SSP2-4.5夏季 （f）SSP5-8.5夏季

（g）SSP1-2.6秋季 （h）SSP2-4.5秋季 （i）SSP5-8.5秋季

（j）SSP1-2.6冬季 （k）SSP2-4.5冬季 （l）SSP5-8.5冬季

图 5 - 27 2015—2064 年四季日向下短波辐射变化值空间分布